中國名硯

刘演良 题

易 砚

邹洪利 ◎ 著

U0312959

CNS ❾ 湖南美术出版社

图书在版编目（CIP）数据

中国名砚 . 易砚 / 邹洪利著 . — 长沙：湖南美术出版社，2016.8
ISBN 978-7-5356-7657-3

Ⅰ . ①中… Ⅱ . ①邹… Ⅲ . ①石砚—介绍—中国 Ⅳ . ① TS951.28
中国版本图书馆 CIP 数据核字 (2016) 第 098423 号

"中国名砚"系列丛书编委会

丛书顾问：**蔡鸿茹**：天津艺术博物馆研究员

张淑芬：故宫博物院研究员

阎家宪：中国收藏家协会文房之宝收藏委员会顾问

刘演良：中国端砚鉴定中心专家

金　彤：中国砚研究会会长

胡中泰：中国文房四宝协会高级顾问、歙砚协会会长

总 策 划：**郭　兵**：意创出版策划（北京）工作室策划人

中国名砚 · 易砚

著　　者：邹洪利

责任编辑：李　坚

责任校对：邓安琪

装帧设计：北京意创文化

出版发行：湖南美术出版社

　　　　　（长沙市东二环一段 622 号）

经　　销：湖南省新华书店

印　　刷：湖南雅嘉彩色印刷有限公司

开　　本：787 × 1092　　1/16

印　　张：11

版　　次：2016 年 12 月第 1 版

印　　次：2016 年 12 月第 1 次印刷

书　　号：ISBN 978-7-5356-7657-3

定　　价：78.00 元

总序

中华文明，源远流长。东方历史文化，博大精深，世界闻名，不知曾吸引了多少古今中外的追慕者、崇拜者和各类文化爱好者为之痴迷、为之探索、为之研究。"文房四宝"是东方历史文化得以延续、传播和发扬的重要工具。

"文房四宝"不仅是文房用具，还演绎了东方文化中的书法和绘画艺术，成就了无以数计的书法家和画家，它们所承载的传承文明、延续文化的历史使命，在人类文明的发展史上起到了极其重要的作用。更为重要的是，它们所凝聚的我国几千年的文化精髓，以及极其丰富的历史文化内涵，使灿烂的中华文明和自豪的民族精神紧紧地融为一体，凝结为我们华夏子孙骄傲的灵魂和信心。

砚则是骄傲的关键所在。在"文房四宝"之中，砚的历史最为悠久。砚在中华文明五千年的历史长河中有着重要的地位。悠悠五千年，砚几乎与华夏文明同生。可以说，砚是人类文明进步的象征。自此以后，在我中华大地上，《诗经》《离骚》《春秋》《史记》以及大量的唐诗、宋词、元曲、歌赋等便千古流传；自此，便有了颜欧柳赵，便有了《兰亭序》《祭侄文稿》《肚痛帖》《鸭头丸帖》以及真草隶篆等书法艺术翰墨飘香；还有那《洛神赋》《八十七神仙卷》《五牛图》《溪山行旅图》《清明上河图》等惊世卷轴一一展开。砚的诞生，使中华文化沐浴着文明的朝晖，逐渐步入宽广、宏博、繁茂的大千世界。

然而，随着人类文明的进步和社会、科技的发展，传统"文房四宝"这些书写工具已不能满足今天人们日益增长的生活和工作的需要，电脑、键盘、鼠标已成为今天书桌上无可争辩的"霸主"，书写方式的改变，致使这些传统文房工具的使用概率越来越小。我们今天姑且不论毛笔是否还有人会使用，事实上，那些80后，甚至70后都未必能将砚台的名称、功能和使用方法讲述清楚，甚至连"四大名砚"都说不全，就连钢笔类的硬笔，使用者也是越来越少，更不用说能写一手漂亮的毛笔字！这似乎有些悲哀。

当改革的春风吹起，大地复苏，春意盎然，祖国各地百业俱兴。二十余年来，随着改革开放的不断深入，我国经济持续发展，文化繁荣，科技进步，国力不断增强，国民生活水平不断提高。在我国经济逐渐强盛的今天，文化繁荣之花也满园芬芳。

在国家重振传统文化政策的引导下，人们不但对物质文明的需求有了更多的选择，对精神文明的需求也发生了许多变化。收藏逐渐走入人们的视野。然而自20世纪80年代起，瓷器、玉器、书画、佛像都先后成为热门收藏项目，并在国内外各大拍卖会上屡创价格新高，而集历史、文化、艺术、实用、观赏、收藏于一体的砚台却未引起人们的重视。这是有多方面原因的：一是因东西方文化的差异，西方并未真正认识到东方传统砚文化的魅力和内涵，对其价值尚无充分认识；二是国内外各大拍卖会多以国外收藏趋向为拍卖风向标，虽说拍卖品多有我国传统文化种类，但大多亦是利之所趋；三是受国外经济、文化环境的影响，国内市场对砚文化的认识和推广不足。谈到此处，我想重申的是，一方面我们无须特意去迎合国外消费市场的"口味"，另一方面文化事物没有市场的支撑也很难活跃起来，特别是在今天现代化书写工具的"围攻"之下，淡出人们视野已经很久的传统砚文化更是处境艰难！

好在历史是过去的今天，不可忘记。今天，在我们中华大地上，随着传统文化的复兴，许多遥远的记忆又重新展现在人们的面前。加之我国历来就是一个礼仪之邦，文明的国度，传统文化的底蕴已十分深厚。也正因如此，那些曾被遗忘的传统，在新时代的文化理念中又很快地被"催醒"了。砚作为其中之一，也就自然而然地又逐渐为人们视若拱璧，珍而藏之。

今天是昨天的继续，为了延续传统砚文化，我们更应珍惜今天。不要刻意去迎合市场的需要，而应真诚地继承、发扬和传播砚文化。

"中国名砚"系列丛书的出版是砚文化传播的具体表现之一。

我们知道，我国制造砚台的历史久远。远古时期发明的"研"，到春秋时期基本成型，汉代废弃研石后，"研"便自成一体，成为真正意义上的砚，石砚的使用继而逐渐普及和规范。从此，砚便演化成一个材质众多、形制各异的庞大家族。经魏晋至唐宋，砚台的发展达到辉煌、鼎盛阶段，形成以山东红丝砚、广东端砚、安徽歙砚、甘肃洮河砚（简称洮砚）"四大名砚"为主流的局面。明清时期，砚台的制作更加讲求石质，并雕刻花纹，造型式样等日渐丰富，装潢考究、华丽美观，其工艺价值日趋凸显，使砚台成为集雕塑、书法、绘画、篆刻于一体的精美艺术品，上至皇族，下至达官贵人、文人雅士都爱收藏，将砚的发展推向了新的高峰。这一时期，山东青州红丝砚因石材枯竭、百无一求而淡出，继而由山西绛州的澄泥砚，与端、歙、洮砚，一并形成我国"四大名砚"新体系，并延至当今。

当然，中国传统制砚的材料远不止"四大名砚"所用石材这几种，为了帮助读者多方面了解我国传统的砚文化，"中国名砚"系列丛书汇集我国众多名砚编撰成册。

悉阅书稿后，本人认为"中国名砚"系列有以下几个特点：

1．收录全。收录我国"四大名砚"，以及曾经为"四大名砚"之首的红丝砚，且均单独成册，为我国出版史上首次将"四大名砚"集中出版的图书项目。

2．规模大。该系列包括"四大名砚"、红丝砚及其他地方名砚等各种名砚100余个品种，是我国目前关于砚台文化的出版物中收录名砚最为齐备的图书出版项目。

3．信息量大。几乎涵盖了我国各种名砚的相关信息。除传统"四大名砚"的历史沿革、各时代造型变化、雕琢风格、石质石品等以外，还包括100多种地方名砚的实物照片及相关信息。其中尤以各砚种的石品（石色、石品纹）及雕刻艺术介绍最为全面，为所见此类图书中仅有。

4．原创性强。各分册均由当今著名砚台收藏家、砚雕艺术家以及国家级、省级工艺美术大师担纲撰写。其中未公开发表的图片占图片总量的90%以上。

5．实用性强。阅读本套丛书，读者不但能对我国传统砚文化有一个全面的了解，还可以运用书中的内容对相关砚石进行辨识，进入收藏领域，因而本书具有一定的指导意义。

6．知识面广。提供了同类图书中没有或少有的知识点，具有很强的可读性。目前市面尚无系统、全面介绍中国名砚的图书，因而该书具有良好的市场前景。

7．体例科学严谨，行文通俗易懂。

除上述共性以外，个别著作更具有鲜明的个性。如关键同志所作的《地方砚》，收录了当今市面上的100个地方砚种，并对其出处、特性和石品一一做了详细的阐述。收集这些资料已属不易，收集到这些地方砚种的实物照片更属不易，而能将这些砚种实物收于金匮之中，其难度之大可想而知！《洮砚》也是一本不错的专著。

书中详细地解说了洮砚一些不为人知的典故，虽不能作为佐证，但也算为洮砚发展流变的过程画了一个较为合理的轮廓。另外，书中所列的石品、膘皮等洮砚的基础知识也很全面，可读性较强。《红丝砚》是迄今所见同类著作中观点最为客观、公正的一部。论据考证翔实、语言精练，值得推广。《澄泥砚》也是一部不错的稿子，作者蔺涛不但能烧出驰名中外的绛州澄泥砚，而且能够站在更高的位置，将我国现在所生产的其他兄弟澄泥砚种汇入该书之中，胸怀宽广，令人钦佩。关于端砚的著述所见颇多，而柳新祥所著的这本《端砚》更有新意，不但为读者详细地阐述了端石形成的原因，还将历史上曾经提及的端砚石品一一展现给大家；论述结构清晰，语言文字流畅，所列砚作形色俱佳，具有较高的艺术水准。《歙砚》语言也很简练，文字论述较少，但为广大读者呈现了当今最具有传统艺术风格的大量砚雕精品，读者从中可以学到很多知识。

总的来说，"中国名砚"系列的出版，与本套丛书的策划人郭兵和统筹关键两位同志的努力是分不开的。他们为本丛书的出版做了大量不为人知且不被人理解的工作，付出了很多心血。出一本书很不容易，能够将我国历史上的诸多传统名砚集中出版，又能做到各具特色，更属不易。早在两年前，他俩就前往我的住所对"中国名砚"系列的章节结构、内容、语言风格以及读者定位进行过探讨。今日得见齐备的六本书稿码放在眼前，我心里很是欣慰。

"中国名砚"系列丛书的出版，是中国砚文化的一件大事、喜事，也是广大砚文化工作者、爱好者、研究者以及收藏者的幸事。

遵郭兵、关键二位同志及诸位作者专嘱作序，并致祝贺。

序

　　洪利、淑芬夫妇多年来从事易砚文化事业，成绩卓然。他们不但是不折不扣的易砚文化方面的专家，也是易砚文化产业的领军人，更是易砚文化薪火的忠实传承者。共同的志趣，使我们早年就有了接触共事、相识相知的机缘，我们既是"忘年交"，又是石朋砚友。石砚达意，交情笃厚，历久弥坚。最近，他们为"中国名砚"系列编写《易砚》这本书，不弃毫耋，嘱予为序，情之所至，我欣然应诺。

　　说到易砚，不能不追溯她的历史；说到易砚历史，不能不提及她的产地。易砚因产于河北易县而得名，易县古称易州，山川壮美，地势险要，自古就是北方文化、军事重镇，有8000年前人类活动的史前文明遗迹，有距今2000多年的燕下都遗址，有1400多年建州置县的历史，文明史一脉相传，没有中断，留下丰富而宝贵的文化遗产，所谓"一山一水一大庙，一都一陵一雄关"即狼牙山、易水河、后山庙、燕下都、清西陵、紫荆关，风景秀丽，如诗如画，历史遗迹，星罗棋布，无不彰显着易县历史文化的丰厚底蕴和地域魅力。早在春秋战国时期，壮士荆轲身入狼秦，一曲易水吟别中"风萧萧兮易水寒，壮士一去兮不复还"的千古绝唱，使易县扬名中外，妇孺皆知，"慷慨悲歌"便成为燕赵文化的重要组成部分。

　　易砚文化正是在燕赵丰腴的历史文化土壤里滋生、成长和发展起来的。从相传华夏人文始祖轩辕黄帝以易县后山为中心，联合炎帝，曾以玉砚磨墨写符，征讨并大败蚩尤，实现了中华民族历史文化的大融合、大一统开始，易砚随之显现出她的脉络和影子，渐露峥嵘。易砚不愧是墨砚文化的先驱，2006年，在南水北调发掘的东汉墓葬中惊现的一组1800年前汉代玉黛石研板，被专家认定为目前发现最早的石质易砚。到了唐代，易砚呈兴盛发展之势，易人祖敏和奚超父子的造墨技艺更是天下领先，堪为中华造墨鼻祖。歙砚之闻名，也得益于奚超父子为避乱南下安徽而重操旧业，再展绝技。至今，老胡开文墨厂大门还挂着"师承古易水，奇珍握墨绝"的楹联，以示铭记。诗仙太白，当年途经易砚砚石产地黄龙岗，得易砚而狂歌，留下了"一方在手转乾坤，清风紫毫酒千樽。醉卧黄龙不知返，举杯当谢易水人"的美丽诗篇。至宋、元、明、清时期，易砚文化的发展虽然几经波折起伏，但就艺术创新而言，依然引领潮流。这从宋代的包公砚、元代的墨童砚、明代的双池砚和清代的山龟砚中便可略见一斑。总之，易县物华天宝，人杰地灵，美石天蕴，巧匠辈出，使易县在不同历史时期都留下了雕刻艺术的印迹，这在易砚雕刻上表现得更为突出，可以说，易砚是石质雕刻艺术的"活化石"。

而易砚事业真正实现大发展、大跨越、大繁荣，应是在当代。自"天时"而言，好的形势政策和文化环境，为易砚产业实现发展跨越提供了广阔舞台和有利契机；自"地利"而言，易县地理得天独厚，易砚石质天赋优良；自"人和"而言，以洪利、淑芬夫妇为代表的易砚人，勤奋探索，苦耕砚田，精益求精，不断赋予易砚文化以新的内涵，实现了易砚实用价值、观赏价值、收藏价值"三位一体"的完美结合；尤其在巨砚制作上，易砚人顺应时代发展，进行大胆尝试，取得了重大突破。易砚以其自身独特的艺术魅力，使"近者悦，远者来"，成为"国之重器""国礼珍品""镇宅之宝""文房雅玩"，遍布宇内，飞入寻常百姓家。

这部书有两大看点：一是它集易砚文化之大成，在易砚文化的历史沿革，砚石的资源特色、矿坑分布、石色石品，当代易砚生产以及易砚面面观等诸方面做了细致精到、不厌其烦的介绍，图文并茂，言词清丽，不失为一本易砚文化的教科书和了解易砚的"讲解员"；二是这本书不同于一般只介绍砚类的专业书籍，它从"漫话古易州"开始，从"史前文明现曙光""荆轲绝唱悲燕赵""隋唐州县开史册""清风皇脉下西陵""壮士狼牙铸英魂""母亲情怀易水河"几个方面较详细地为读者介绍了闪耀在古易州大地上的灿烂文明、名胜古迹、山川风光、英雄人物等，可读性强，是了解易州文明和易砚文化的权威理想读物。

我期待着本书的早日问世，期待着易砚文化拥有更加辉煌的明天！

是为序。

阎家宪

2015 年 3 月 30 日

目　录

第一章

漫话古易州

易县新貌

　　易县，古称易州，西倚太行山脉，东临冀中平原，总面积为2534平方公里，总人口为50多万，是著名的革命老区。境内山川秀丽，特产富饶，自然资源极其丰富，2014年被评为省级园林城市（县城、城区）。易县积极顺应京津冀协同发展大势，深入实施"生态立县、旅游兴县、工业强县"战略，全力打好"四大攻坚战"（旅游产业升级、项目建设、扶贫开发、县城建设），适应新常态，抢抓新机遇，奋力谱写京南生态旅游文化名城建设新篇章。

　　摄影　于正万

　　易县古为易州，西依巍巍太行，莽莽群山，东面华北平原，千里沃野。其间丘陵遍布，湖泊如镜，河流纵横，植被茂密。旧县志描述："东穷拒马，西跨紫荆，南环易水，北抵洪崖；山明水秀，林壑幽雅；群山屏障于西北，一水襟带于东南。"

　　古称："幽并诸州冠，诚畿南胜地。""古易州十景"装点易州大地：太宁叠翠，太巍烟岚，洪崖积雪，孔山星月，狼山竞秀，紫荆残月，侯台清晓，金台夕照，易水秋风，雷溪春涛。又赞："幽燕故都，易州之地。山接太行，地处华北。群峰

西峙，众水东潆。屏翰都南，拱卫京师。蕴华含英，无愧燕南天府之土；钟灵毓秀，堪称京畿首善之区。"由此可见易州自古即为文化重镇、战略要地。这里山河壮丽，物华天宝，人杰地灵，历史悠久，文化灿烂，是燕赵文化的发端之所，华夏文明的源头之一。

一、史前文明现曙光

　　易州先民世世代代在这片古老而神奇的土地上射猎耕种，繁衍生息，起于何时，无人知晓。直至 1985 年，吉林大学考古系和河北省文物研

北福地遗址碑

  位于易县县城西南12.5公里的北福地村，遗址面积约3万平方米，文化堆积层0.5-1米。发现于1985年，是我国最重要的史前遗址之一，对研究北方地区史前文化具有特别重要的意义，一直备受学术界关注。2003-2004年的发掘，发现了三个阶段的新石器时代遗存，其中北福地一期遗存是此次发掘最重要的发现，其年代与磁山文化、兴隆洼文化的年代大体相当（距今约8000年），在地域上填补了这两个文化之间的空白。

陶制人面具

  新石器时代早期 北福地遗址出土

  面具为人脸形状，上宽下窄，鼻子和嘴为浅浮雕，两只眼睛为透雕，清晰可辨。在陶片的边缘还散布着5个小孔，专家推断应为系戴时穿绳之用。

  究所在易县北福地发掘了一处文化遗址，不仅发掘出古村落房址遗迹，还出土了大量的磨制石耜、陶刻面具和精美玉器，经碳十四测定得知此遗址距今约8000年，按历史分期应为旧石器时代末期或新石器时代早期，换句话说，这方宝地在史前就有了属于她的农耕文明。考古学家认为这里有"一种填补空白的新的史前地域文化类型，一个地层关系确切的史前考古学文化编年系统，一批目前所见年代最早的史前宗教或巫术假面面具，一处比较完整的史前村落遗址，一座保存基本完整的史前祭祀场地，一组目前发现最早的用于祭祀的玉器"。就因这"六个一"，考古项目入选2004年"全国十大考古新发现"。古老易州不愧为中国农业文明的发源地之一，她从远古走来，流淌着8000多年的文化记忆。

  今天人们对流传的故事依然耳熟能详。易县有许多"宝灵奇山"：釜山、洪崖山、蚕姑坨。相传釜山为轩辕黄帝会盟诸侯合符之地。《山海经》记载，黄帝和炎帝沿黄河古道自陕甘东迁至易水，会诸侯于釜之阳，战蚩尤于涿鹿之野，实现中华民族历史上第一次大融合。洪崖山得名于黄帝的乐官伶伦，伶伦曾定居此山并发明了音律，因其被称作洪崖先生，山亦由此得名。洪崖山是黄帝家庙所在，民国《易县志稿》记载，洪崖山"后土黄帝庙"为祭祀轩辕黄帝而建，每年三月十五，来自全国各地的人云集数万，只为缅怀；有文赞曰："人说后土黄帝，即是始祖轩辕，庙宇几修几建，始终香火绵延，今日修通旅游路，索道飞架十八盘，后山文化放异彩，古老洪崖绽新颜。"蚕姑坨自然与蚕姑相关联，《史记·五帝本纪》载，西陵有女名嫘祖，教民植桑、养蚕、织锦而为衣裳，黄帝遂聘为元妃。唐《嫘祖圣地》碑文亦称：嫘祖"首创种桑养蚕之法，抽丝编绢之术，谏诤黄帝，旨定农桑，法制衣裳，兴嫁娶，尚礼仪，架宫室，奠国基，统一中原，弼政之功，没世不忘。是以尊为先蚕"。易州先民为缅怀这位和炎黄二帝开辟鸿茫，母仪天下，福润万民，功高日月，德被华夏的嫘祖，于蚕姑坨峰修建蚕姑庙，该庙至今香火旺盛。洪崖、蚕姑两山，南北耸峙，遥相守望，装点易州大地，护佑易县百姓。

时光的脚步迈入中国史书记载的第一个世袭王朝——夏朝。此时，生活在易水流域的最大部落叫"有易氏"。商朝的第七代先公王亥，因曾经在有易氏部落做买卖而被誉为"商人"鼻祖，最终却因行淫作乐而被杀。王亥之子上甲微借河伯之兵讨伐并杀死有易氏之君绵臣。《竹书纪年》详细记载了此故事。周武王建周并分封诸侯，召公封地在燕，即后来"战国七雄"之一的燕国。燕昭王迁都易水，建燕下都，高筑黄金台，招贤又纳士，使得燕国一跃而跻身"战国七雄"。

燕下都建于何时说法不一，但有一点不可否认，即燕昭王之所以选择易县建都，一是看好其地理位置，二是燕下都遗址这里曾被说客苏秦赞为"天府之土"。和燕下都同时存在的战国时期村落遗址在易县有几十处，

黄帝与嫘祖像

轩辕本是一位有知识、有技能的人，因其发明了战车，使部族作战攻无不克，战无不胜，因此被部落推为领袖，称为轩辕黄帝。得天下后，黄帝体恤民情，巡视人间，偶遇身着彩衣的桑园少女。当得知少女为植桑养蚕、抽丝织绸的巧手时，便与之结为夫妻，让她向百官和百姓传授育桑养蚕的技术。这位少女就是黄帝的正妃嫘祖。

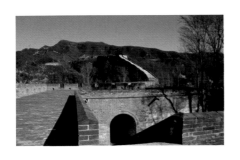

紫荆关

　　长城第四大雄关。位于河北省易县西北45公里处，因关城居于紫荆岭上而得名。东依万仞山，西据犀牛山，南以十八盘为险阻，北面拒马河宽阔河床。一关雄踞中间，群险翼庇于外，峰叠峦蠢，如屏如障，有"一夫当关，万夫莫前"之险。关于紫荆关的记载最早见于《吕氏春秋》，该书列其为天下九塞之一。1996年被国务院公布为全国重点文物保护单位。

燕下都饕餮瓦

　　燕下都瓦当皆为半圆形，特征有二：一是筒身切割过程中使用"间透法"。这种大规制瓦筒身壁厚一般在1～2厘米之间，从瓦尾向瓦头方向切割，因瓦身不是绝对平直或切割时力不均，时而透切，时而未透切，未透切处往往切深壁厚的2/3或3/4，也较有规律。二是在当面底径的两端与瓦筒身衔接处施以"三刀法"切割，即瓦筒身两侧分别由后向前各切一刀，然后从当面一端入刀，向另一端切割，这样瓦当当面与瓦筒身相衔接处便留下了"三刀法"切割的痕迹。

　　几乎遍布全县，另外还有墓葬群、战国燕南长城等。燕下都是春秋战国时期文化的代表，也是易县历史文化的鼎盛时期的见证者，它在某种程度上也代表了京、津、燕下都出土文物所体现的冀历史文化的主流。

　　秦朝时，易地分属上谷郡、广阳郡。故长城第四大雄关——紫荆关曾被称为上谷关，古人有诗句"风雄秦上古，气压赵娄烦"赞其气势雄伟，巍峨壮观。

　　光阴如白驹过隙，瞬间两汉即至。汉高祖元年，在武阳城东南置固安县。汉文帝后元三年，在武阳城东南1公里处置故安县，属涿郡。后在县西南今安各庄水库区域建阎乡县。易县境内，汉代村落遗址、古墓葬众多，有西高村韩信诚遗址，周任汉墓群，南流井汉墓，北邓家林汉墓、大巨双郎坟汉墓等。《史记》中记载了西汉周勃以将军的身份跟随高帝在易水流域打败举兵反叛的燕王藏荼的事迹。东汉末年曹操北征乌桓至易水时，他的第一谋士郭嘉病死在易县，并在这里留下了"遗计定辽东"的美谈。

　　公元308年至318年，羯族将领石勒曾率十万大军从太行山区攻略河北内地，晋朝将领刘琨在一条河边抗拒入侵兵马，这条河便有了一个响亮的名字——拒马河。北魏定州地方官为纪念太武帝拓跋焘结束东巡、回归平城时于路演示神射而立《皇帝东巡之碑》，即郦道元《水经注》卷十一滱水注"徐水条"所称《御射碑》，曾立于今易县南管头之北画猫村，傅增湘、周肇祥曾前往摹拓，今原碑已毁，唯存拓本，但拓本也具有极高的历史价值。

这一切无不说明：易州山川秀美，古迹众多，文化丰厚，是中国发展史的精彩缩影和历史文化的真实写照。我们可以自豪地说：古老易州的文明体现了华夏文明的夺目光彩和先民的大智大勇，构成的是一道璀璨的中国发展史的文化长廊。正所谓"史前文明现曙光，历史悠久古易州"。

二、 荆轲绝唱悲燕赵

荆轲刺秦的故事已在中华文明历史长河中流传了几千年，它以其独特的魅力影响着一代又一代的华夏儿女。

战国末期，烽火连天，弱肉强食，秦灭赵后，兵锋直指燕南界。公元前227年，秦军大兵压境，燕太子丹以荆卿为计，派其深入强秦虎狼之穴，刺杀暴君嬴政，欲拯救百姓于水火，力挽社稷之欲倾。

燕下都遗址

燕下都建于公元前4世纪，为燕昭王时所建，距今已有2000多年的历史。宫殿区在城址东北部，由三组建筑群组成。大型主体建筑武阳台，坐落在宫殿区中心，东西最长处140米，南北最宽处110米，高约11米，外形分上、下两层，在燕下都夯土建筑基址中，规模最为宏大。燕下都遗址，被国务院列为全国重点文物保护单位。2001年3月，被评选为"中国20世纪100项考古大发现"之一。同年，国家文物局又将其列入百项重大遗址保护项目。

荆轲惜别

公元前 227 年，荆轲带燕督亢地图和樊於期首级，前往秦国刺杀秦王。临行前，许多人在易水边为荆轲送行，场面十分悲壮。荆轲前而为歌曰："风萧萧兮易水寒，壮士一去兮不复还。"这是荆轲与太子丹握手惜别雕像。

这天，北风凛冽，易水清寒，场面壮观，夺人心魄：燕太子丹等"皆白衣冠"泣涕相托，樊於期以人头相助，高渐离击筑，荆轲和歌，热血沸腾，继而"士皆瞋目，发尽上指冠"，此刻，"萧萧哀风逝，淡淡寒波生"。壮士荆轲，仰面嘘气，直冲云霄，化成一道白虹贯于日中，荆轲慨叹"探虎穴兮入蛟宫，仰天嘘气兮成白虹""君子死知己，提剑出燕京"，遂率秦武阳踏上征程，慷慨赴义。萧瑟的寒风响彻整个征途，冰寒的易水送别壮士冲天的豪言壮语："风萧萧兮易水寒，壮士一去兮不复还。"

千古悠悠，似长江滚滚，浪花淘尽多少英雄！然而，真正的英雄会永远活在人们心中，荆轲就是一位！他的智谋、英勇、大义凛然，都叫人望尘莫及，在历史的画廊里，他的形象伟岸高大，令我们反复回味，让我们再走近这位英雄，认识他，景仰他：

荆轲原本为战国末期卫国人，喜好读书、击剑，卫人称之为"庆卿"，后游历至燕，经燕国智勇深沉的"节侠"田光推荐给燕太子丹，拜为上卿，燕地人称之为"荆卿"。国难当头，他临危受命，为取得秦君信任，他对樊於期晓之以理，动之以情，让樊将军甘愿自刎，献出头颅，舍小义取大义。可见他善于辞令，长于心计，令世人不得不佩服他这位智勇双全的保国智士！

当他一切准备就绪，正待他的朋友一起出发，太子丹却以小人之心度君子之腹，疑其有改悔。荆轲被激怒，呵斥太子曰："今日往而不反者，竖子也！今提一匕首入不测之强秦，仆所以留者，待吾客与俱。今太子迟之，请辞决矣！"常言道："士可杀不可辱。"其怒叱太子，决绝出发。他本可以顺阶而下，推辞不去，但他没有，明知不可为而为之，不多虑，不退缩，毅然赶赴强秦，勇抛头颅，甘洒热血。这种刚烈倔强、不畏强暴、不怕牺牲、不避艰险的大无畏精神，令世人不得不佩服他这位视死如归的护国勇士！

至秦廷，荆轲手捧樊将军头函，秦武阳手捧督亢地图匣，依次上殿。由于秦武阳"色变振恐"，群臣起疑，荆轲缓缓解释："北蛮夷之鄙人，未尝见天子，故振慑，愿大王少假借之，使毕使于前。"轲寥寥数语，消秦君臣之疑。当图穷匕见，荆轲立即抓住秦王衣袖，欲逼他就范写下议和书。不料袖断，秦王狼狈逃跑，荆轲跟进，两人环柱而跑，惊心动魄，"群臣惊愕，卒起不意，尽失其度"。左右大喊："王负剑！王负剑！"秦王"遂拔以击荆轲，断其左股。荆轲废，乃引其匕首提秦王，不中，中柱。秦王复击轲，被八创"。荆轲自知事不就，倚柱而笑，旁若无人，彰显英雄本色。这种"铁肩担大义"的爱国情怀和"利刃灭秦王"的英雄虎胆，令世人不得不佩服他这位大义凛然的爱国志士！

壮志遗恨没秦宫，易水流泪思英雄。《河北名胜志》载："为纪念其'图穷匕首见'的悲烈壮举，（太）子丹在荆轲馆旁筑一衣冠冢，后又称荆轲山。于辽乾统三年（1103年）在冢上建塔。在辽代于此还

荆轲义士像

2010年建造的荆轲公园位于易县县城西的荆轲塔所在的荆轲山上，是易县县城附近第一大公园。荆轲义士雕像就位于荆轲塔下，供人们凭吊和缅怀。

"荆轲刺秦"石刻拓片

荆轲来秦廷献上樊於期头颅后，随即将第二个觐见礼督亢地图展现于秦王面前，图穷匕见，秦王惊骇。荆轲连忙抓起匕首，"左手把其袖，而右手揕其胸"，"荆轲逐秦王，秦王还柱而走"，群臣惊愕，场面惊悚。

"义士荆轲"碑

荆轲塔旁竖立着"义士荆轲"残碑。明万历六年（1578年）重建荆轲塔时改圣塔寺为院，塔旁树明万历十四年（1586年）丙戌五月，御史熊文熙题"古义士荆轲里"碑一通，清康熙六十年（1721年）再复并碑一通，1986年易县人民政府对其进行了维修。

建造了圣塔院……明万历六年（1578年）重建，清代又加修葺。现仅存此塔及明代重修塔碑、清乾隆癸未重修圣塔院记碑和明御史熊文熙题'古义士荆轲里'碑。荆轲塔之名，最早见于《弘治易州志》，因塔建于荆轲山上，且传为纪念荆轲而建，故名。……古时，每逢清明节，乡民都在塔上张挂白幡，设三牲祭品，为荆轲招魂，故俗称'招魂塔'。"

"荆轲塔，八角十三层，高二十四米……塔门东南向，为砖券面，高一点五米，宽八十厘米。束腰上有仰莲托，顶有睡莲，上为一舍利封盖。原塔每层之八隅均悬风铎，经风吹动，清脆悦耳。"

2006年6月，圣塔院寺塔即荆轲塔进入全国第六批国家级文物保护单位之列，荆轲随后被列为历史文化名人。

一个彪炳史册的名字！一次惊世骇俗的壮举！一位壮志未酬的英雄！"回首河山空荡响，只留风雨响青萍"不会是你的叹息，"白刃临头惟一笑，青天在上任人狂"才是你无畏的精神，你的名字连同你的精神已经在历史的长河中获得了不灭的光辉。荆轲的侠义精神影响并成就了燕赵文化，这种文化已成为中国传统地域文化的一枝奇葩。

燕赵文化以其尊贤重义、明理守信、甘棠怀德、慷慨悲歌、一诺千金、正道直行、质朴务实、自强不息等著称于世。其中慷慨悲歌是一种精神风貌，是为国家、为民族贡献一切的献身精神，是见义勇为、奋不顾身、大义凛然的勇气和胆气，是为正义和真理而斗争、舍生取义的气节，是义无反顾、知其不可而为之的侠肝义胆；正道直行是坚持真理、主持正义、正直坦荡，是忧国忧民、敢担道义的责任感和刚直不阿、敢于反抗强暴、敢于抵御外侮的无私无畏之举；自强不息是刚健有为、奋发图强、自信自尊的价值观。燕文化是区域文化的精髓，不仅滋养着世世代代的燕赵儿女，而且是熔铸中华民族灵魂的重要因素，凝聚出了奋发向上、自强不息的民族精神。

晋陶渊明《咏荆轲》赞曰："其人虽已没，千载有余情。"作为燕赵儿女，我们由衷地赞美荆轲：生亦辉煌，死亦辉煌。

三、隋唐州县开史册

易县历史悠久，北福地遗址证明早在8000

荆轲与荆轲塔

燕太子丹诀别荆轲，知其有去无还，便收其衣冠造假冢以埋入，此即荆轲衣冠冢。冢高34米，占地面积2400平方米。大辽乾统三年（1103年）人们在荆轲衣冠冢上建圣塔，之后历代皆有重建修葺。历经明万历年间，清康熙、乾隆年间及新中国成立后的1985年、1986年多次修葺，现塔高24米，8角13层，砖石结构，下有莲花仰托，上有舍利子封顶。塔每层之8角均悬风铃，经风吹动，清脆悦耳，音传四野。

"千年古县"牌

由联合国地名专家组中国分部授予易县的"中国地名文化遗产——千年古县"牌。

镇国禅寺外景

镇国禅寺位于中易水河畔，凌云册乡解村。佛寺与石佛均始建于隋开皇十一年（591年），因有石佛像立于殿内，所以镇国禅寺又被当地人称为立佛寺。清光绪七年（1881年），寺院毁于风暴，后曾修复，现存佛殿三间，为光绪二十五年（1899年）重修。

摄影　于正万

年前此处就有了人类活动，4000多年前易县因有易氏部落定居易水流域而得名，2300年前燕国国都即设于此，21世纪其又被联合国命名为首批"千年古县"。

那么，"千年古县"——易县建置始于何时？《易州志》载："隋开皇元年（581年），在北易水北岸置易州，开皇十六年（596年），于州东二里许置易县；隋大业三年（607年）九月，改易州为上谷郡，易县隶属上谷郡。"

"唐代，易县还隶属河北道易州（武德四年复置易州，仍治易县，天宝元年罢州改上谷郡，至德二年废郡复为易州）。唐开元二十三年（735年），析易县地置五回县，治所在五回岭东麓，次年治所迁至西五公城（今易县西古县村附近），唐末废。唐开元二十四年（736年），又析易县地置楼亭县，天宝末年省。唐开元二十七年（739

年），易州改为高阳郡。唐天宝初亦称上谷郡。唐乾元元年（758年），上谷郡又改为易州。易县属河北道易州。"

隋唐时期，易县境内文化也随着国力的强盛而进入了一个新的高峰期。能够让我们阅读那段历史的首先是位于易县解村的镇国禅寺汉白玉大石佛，其于隋开皇十一年（591年）立于镇国禅寺内，距今1500余年。石佛为释迦牟尼的汉白玉石雕像，高4.95米，立于仰莲座上，座下有刻铭"大隋国……"字样。石佛身披袈裟，被施以彩绘，雕刻手法细腻，线条流畅，充分显示了典型的隋代佛教造像风格，不愧是5—6世纪造像高潮时期的产物。孟桂良的《易县碑目》和寿鹏飞的《易县志稿》中载有二记，一为《马长和等造像记》，一为《易州刺史南乡公权永等造像》。（"南乡公权永"在《易县碑目》中为"南乡公权求"。）从两书中得知，当年造像为一佛二菩萨，前记刻在菩萨像侧面，共267字（实269字），后记刻在大佛像下，可读者335字。今二菩萨像已看不到，能见者只有大佛像。对这两块石刻，在文献中人们只能看到《马长和等造像记》，文、拓都有。文载于《全隋文补遗》，拓载于《北京图书馆藏中国历代石刻拓本汇编》。

《马长和等造像记》全文：大隋国开皇十一年，易州易县固安陵云乡民，以地居蕃省，北舆沙漠以相连。齐阙周通，宇文治末，遂使拨乱未厘，岑军不狄，乃致突厥抄掠，此间父南子北，全亡不练。见在之徒，忽遇杨帝开皇，万里大定，

汉白玉大理石立佛

镇国禅寺佛像为释迦牟尼佛立像。材质为汉白玉石，通高4.95米。立于仰莲座上，身披袈裟，被施以彩绘，雕工细腻，线条流畅，显示出典型的隋代佛教造像风格，对研究隋代文化习俗和石刻艺术有重要参考价值。现佛手足均残，佛头于1997年3月被盗割。1993年7月，被列为河北省文物保护单位。

道德经幢立柱

　　易县道德经幢俗称八棱碑，通高约6米，由座、身、顶三部分组成。除幢顶为青石外，其余部分均为汉白玉石雕刻而成。

经幢亭

　　为保护道德经幢，1986年省文物局拨专款建六角亭，2001年又重修。

三宝兴世，振威暇及。至十一年，斯人内怀。桑椹之思，采访强止。同业功德，往诣定州洪山，敬造玉石大像，一佛二菩萨。有牧运来佛像丈八，七宝□□，类真形，如相好。凡人见，不觉崩腾如顶礼。州主南乡公亲来奉□，正容合堂，割舍禄物。上下劝成，光兹士庶。以此功德仰报皇恩，慈威之泽，下及法界三有众生，貌异心同，希望共善。上仪同三司、左卫修政府车骑将军、菩萨主马长和、都督司兵参军李昌、都督任游道、刘永裕、菩萨主陈世通、母史晖、菩萨主杨上仙、父洪度、□长伯、周兴达、朱通仁。

　　这篇造像记不仅说明了当时建造这尊佛像的背景，而且对研究易县历史起了重要作用，尤其是大石佛身上的文化信息对研究隋代文化习俗和石刻艺术有重大的参考价值。1993年7月，镇国禅寺石佛被列为省级文物保护单位。

　　能够让我们感受唐代佛教文化之灿烂的还有分布在易县城内的三大佛教寺院，即开元寺、福感寺、兴隆寺。能够让我们感受唐代道教文化之辉煌的是今天依然矗立在易县城内文化广场西侧的老子道德经幢。《易县志》载，老子道德经幢位于"河北省易县城内龙兴观遗址。据《天下舆地碑记》载，经幢于唐开元二十六年（738年）立在易县城西开元观，南宋乾道五年（1109年）迁至城内南端的龙兴观（此观为唐代北方著名道教寺院之一）"。"经幢通高6米，由座、身、顶三部分组成。幢座为石雕仰莲，高25厘米，直径1.1米。座下系后世所砌方形平台。幢身由两块汉白玉雕砌而成（上块高 70 厘米，下块高 3.59 米），竖立在仰莲座上，高 4.29 米，直径 90 厘米，呈八角形柱体。"造型简朴典雅。"幢身自东面起，竖刻大字楷书'太上玄元皇帝道德经，大唐开元神武皇帝注'，下刻'开元二十年十二月十二日'敕文。"唐玄宗李隆基因认为老子是他的远祖，故亲自为《老子道德经》作注，著名碑刻大家苏灵芝书写并刊刻，其书法潇洒飘逸中大有刚劲之力，端雅俊秀中又有铁骨之风。历经 1200 多年沧桑，经幢依然完好矗立，为中国现存较好且形体最大的石刻道德经幢，对研究唐代书法、建筑以及当时的雕刻技艺有重要的参考价值。经幢现为国家重点文物保护单位。

易县唐代碑刻的数量居保定县市之首，虽然遭到数次浩劫，但仍保留着《铁像碑颂》《张公山亭再葺记碑》《梦真容碑》《陇西公经幢》，这些珍贵的唐代碑刻，记载着易县在唐时的众多历史信息。《张公山亭再葺记碑》虽风化严重，但它却是半部晚唐史，涉及许多历史事件和人物，具有极高的研究价值。

宋辽金元时期，历史一脉相承。宋时，易县大部分时间属于辽国，因此易县境内辽金文化遗存非常丰富。塔大都是辽代所建，多达三十多座，现在还有九座。最著名的有"巍巍五塔镇燕山"之五塔和幽幽静觉寺之"双塔"。

"巍巍五塔镇燕山"之五塔指的是易县县城南部自东南向西南依次呈弧形排列的燕子塔、镇灵塔、黑塔、白塔和荆轲塔。

道德经幢局部

道德经幢安放于易县县城龙兴观遗址内。龙兴观是中国唐代著名道观，历经宋、元、明各代，屡有兴废，并最终于民国初年废弃，现仅存遗址中的道德经幢。

道德经幢幢座为一石雕仰莲，高 0.25 米，直径 1.1 米，座下有方形平台，为近代用毛石铺砌。幢身由两块汉白玉石雕刻衔接而成，高 4.29 米，直径约为 0.9 米，平面为八角形。幢身自东面由左向右以正楷大字竖书"太上玄元皇帝道德经，大唐开元神武皇帝注"18 个字，占 3 面，每面 2 行，共 6 行，行 3 字。其他 5 面刻开元二十年十二月十二日唐玄宗颁发的推崇《道德经》的敕文，共 205 字。经幢各面依次镌刻老子《道德经》81 章。幢尾题"易州刺史兼高阳军使赏紫金鱼袋上柱国田仁琬奉敕立""开元二十六年岁次戊寅十月乙丑朔八日奉敕建"。

易县龙兴观原建筑已不存在，经幢周围有农舍，还有小片农田。历经沧桑，经幢整体上保存较好，个别地方虽略有缺损，但大部分文字依然清晰，后人拓印的痕迹明显。

燕子塔

　　位于易县县城南的燕子村西，原建于观音禅寺内，又称观音禅寺塔。因位置在燕下都西城的南部，当地传说是为了纪念燕太子丹而建。燕子塔为砖结构，通高16.5米，八角十三层密檐式建筑。关于塔的建筑年代，因未发现确切的记载，从塔的造型及斗拱来看，有的专家认为，此塔有明显的明代建筑风格，1982年7月，被列为河北省文物保护单位时定为金代。

　　我们已认识了荆轲塔，另外四塔与荆轲塔有何关系呢？

　　荆轲作为一名刺客而能名垂千古，与樊於期的重义分不开。樊於期死后，在樊馆山附近，乡民逐渐聚居成村，此山因土色鲜红，传说是樊於期鲜血所染，遂取名"血山"。元代中统二年（1261年），当地绅民在这里修建了一座镇灵塔，来纪念樊於期。

　　黑塔和白塔是为纪念左伯桃和羊角哀而建。据传，燕国名士羊角哀与左伯桃为友，闻楚王贤，共往投奔。路遇风雪，衣薄粮少，左伯桃予衣粮于羊角哀，自入空树死。羊角哀入楚为上卿，备厚礼葬左伯桃。后羊角哀梦见左伯桃诉说被墓邻滋扰，不得安息，醒后即拔剑自刎，急赴九泉去护故人。后世遂称友谊深厚者为"羊左之交"，羊左友谊，千古传颂。

后人还在燕子城（今燕子村）观音禅寺内建塔一座，相传是为纪念燕太子丹而造。此塔为八角十三层密檐式，砖结构，通高16.5米，现存塔为明代建筑风格，为省级文物保护单位。

这五座塔，建筑风格各异，巍然挺立于易水河畔，被称为"五塔镇燕山"。

幽幽静觉寺之"双塔"指的是矗立于云蒙山之阳的易县境内规模最大古寺院静觉寺（又称太宁寺）中的两座塔。当时，这里庙宇成群，古塔林立，风光秀丽，山水奇特。"古易州十景"中的"太宁叠翠""金台夕照"就是这里的代表景观，古代文人称誉此处可与我国黄山、华山相媲美。因而，历史上来这里游览、隐居的达官贵人、文人骚客不下数十人。如五代时期曾在四个朝代任过宰相的冯道，辽代的王鼎，金代枢密院令史张通古，元代敬铉，明代进士万民英等，他们在这里著书立说，韬光养晦，后来都成了国家的栋梁之材。可以说，正是易县云蒙山静觉寺这块风水宝地养育和造就了一大批文人志士，使他们青史留名，永垂千古。

明清时期，易县境内庙宇祠观的修建更是达到了极点，什么土地庙、山神庙、城隍庙、三官庙、奶奶庙、龙王庙，等等，数量之多可谓三里五乡均可见，星罗棋布遍易州。但规模最大的建筑应属紫荆关长城，其在明代万历年间进行了大规模的修建，直至今日，仍具有很高的文物、历史、军事、旅游价值。

清代在易县的古文化代表自然是清西陵了，它不仅提高了易县的知名度，而且对易县的文化

镇灵塔

位于燕下都西侧的今血山村，也称血山塔。建于元代中统二年（1261年）。相传樊於期得罪秦王逃至燕国，被太子丹收留，他为报家仇和太子搭救筑馆之恩，便毅然自刎献上自己的头颅，为荆轲刺杀秦王献饵。因樊於期于此自刎，血洒樊馆山，此山改名血山。此塔为祀樊於期而建。

静觉寺双塔

位于易县太宁寺村西北1.5公里的双塔庵内。东塔始建于辽，虽经明万历年间重修，仍基本保持辽代建筑风格。1993年，双塔被列为河北省文物保护单位。另，塔旁还有明万历《大明重修双塔碑记》《重修双塔寺记》两通残碑。

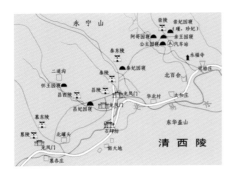

清西陵平面示意图

　　清西陵位于河北省易县城西15公里的永宁山下，在北京西南方约120公里处，是清代帝王陵寝之一，因与河北省遵化市东陵东西相对而称西陵。这里埋葬着雍正、嘉庆、道光、光绪四位皇帝及后妃、王爷、公主、阿哥等76人，共有陵寝14座。这里风景秀丽，环境幽雅，陵寝规模宏大，体系完整，是一处典型的清代古建筑群。

　　在方圆约100公里、面积800余平方公里的陵区内，有华北地区最大的人工古松林。从建陵开始，清王朝就在永宁山下、易水河畔、陵寝内外，栽植了数以万计的松树，现在这里有古松1.5万株，青松幼柏20余万株，陵区内松柏葱郁，山清水秀，14座陵寝掩映在松林之中，若隐若现，俨然一幅绚丽的山水画。

影响全面而巨大。

　　易县八千年历史，一脉相承，源远流长。所以易县文物古迹星罗棋布，历史人物灿若群星，历史文化光彩夺目。截至目前，易县共有国家级文物保护单位7处，省级文物保护单位7处，县级文物保护单位25处；国家级非物质文化遗产3项，省级非物质文化遗产4项。这正是隋唐州县开史册，灿烂文明耀千年！

四、清风皇脉下西陵

　　世界文化遗产、国家4A级景区清西陵是中国最后一个封建王朝——清王朝帝王陵墓建筑群之一。它位于易县城西15公里处、太行山东麓的永宁山下，这里北依层峦叠嶂的永宁山，南傍蜿蜒东流的易水河，东起梁格庄，西至紫荆关。四周群山环护，中间低缓宽阔，芳草萋萋，河流弯弯，古木参天，湖光潋滟。"西陵八景"就散布在这片山川秀美的土地上："日夜奔流易水寒，东来紫气满荆关；云蒙叠翠通幽径，拒马奔涛锁

石盘；峨眉晚钟有古刹，奇峰夕照影壁山；福山捧日晨光好，华盖烟岚难登攀。"生动怡人的自然美景将清西陵装扮成一幅色彩绚丽、寓意浓厚的山水画卷。

难怪当年清朝皇帝雍正看到十三弟允祥和风水大师高其倬走遍山山水水后称赞易县永宁山下为"乾坤聚秀之区，阴阳合会之所，龙穴砂石，无美不收，形势理气，诸吉皆备，山脉水法，条理详明，洵为上吉之壤"的奏折后，不顾祖训，当即将此风水宝地定为自己的万年吉地。就是今天让不懂风水玄学的凡夫俗子去观赏，此处也绝对称得上有绝美风景：连绵的永宁山如巨龙横卧，作为整个陵区的屏障，其间丘陵环抱，曲水顾盼，松柏庇护。雍正的泰陵、嘉庆的昌陵、道光的慕陵和光绪的崇陵等共计 14 座陵寝相继依偎在永宁山的怀抱，掩映在这片华北地区最大的古松林中。

清西陵身份显赫。它以 4 座帝陵为中心，相继建成 3 座皇后陵，14 座妃嫔、王爷、公主、阿

清西陵

清西陵坐落在易县境内，16 处古建筑群及 15000 余株古松分布在西陵镇和梁格庄镇。其中泰陵、昌陵、慕陵、崇陵、泰东陵、昌西陵、慕东陵、泰纪园寝、昌纪园寝、妃园寝、端亲王园寝、怀亲王园寝、公主园寝、阿哥园寝、行宫、永福寺等各座建筑群各具特色和价值。

永福寺

永福寺俗称喇嘛庙，位于泰陵东 6 公里的梁格庄村西，建于 1787 年至 1788 年 (乾隆五十二年至五十三年)。整座寺庙共有 19 座建筑，其建筑依山的自然起伏形势建成，建筑面积 4300 多平方米。永福寺坐北朝南，单体建筑依次为石桥、山门、钟楼、鼓楼、大雄宝殿、牌坊、碑亭、东配殿、西配殿、普光明殿、宝云阁等。1988 年至 1995 年间国家进行了全面修缮。现为历代帝王陵墓中唯一一座保存完好的喇嘛庙。

清西陵牌坊

巍峨高大的石牌坊坐落在大红门前的宽阔的广场上，为清西陵最具特色的建筑之一。三座石牌坊一座面南，两座各朝东西，呈品字形排列，与北面的大红门形成一个宽敞的四合院。每座石牌坊高 12.75 米，宽 31.85 米，五间六柱十一楼造型，虽为青白石料的仿木结构，却未用铁活，全部采用榫卯对接形式，楼顶雕有楼脊、兽吻、瓦垄、勾滴、斗拱、额枋等。坊身高浮雕的龙、凤、狮、麒麟和浅浮雕的花草、龙凤等图案相结合，使整个广场生机盎然。三座石牌坊在中国历代帝王陵墓中尚属孤品。

哥园寝，总共葬有 76 人。末代皇帝溥仪的骨灰，也葬在西陵保护区内的 "华龙皇家陵园"。溥仪墓与陵园内石桥、神道、古牌坊、大红门、朝房、碑楼、石像生、龙凤门、隆恩殿、明楼、宝顶等古建筑以及行宫、永福寺、护陵营房衙署等成群的附属建筑融为一体，整个陵园体系庞大，规制完整，恢宏壮丽。整个陵区周界约 100 公里，面积达 800 余平方公里，堪称现存规模最大、保存最完整、品类最齐全的一处中国古代皇家陵园。

"陵寝以风水为重，荫护以树木为先。" 陵区内广植松柏，森林覆盖率高达 70%，其中 300 岁以上的古松竟有 20,000 多棵，古木参天，松涛碧海，将陵区装点得清秀葱郁、古朴大方、庄严肃穆、仪态雄伟。徜徉于林海之中，翠绿色的松林在阳光照耀下泛着银光，层层叠叠的枝叶挡住了耀眼的光芒，看着洒落到地上细细碎碎的阳光，听着久违的天籁之声，呼吸着富含负氧离子的清新空气，游客尽生柔情，由衷赞叹："这里真是一个可以深呼吸的地方！"

乾坤聚秀，阴阳合会，这种独一无二的自然格局，属于历代帝王所追求的风水宝地的特征，清西陵恰恰蕴藏皆备，我们也就不难理解当年雍

正皇帝冒着打破祖训的政治风险，斗胆定其陵寝于这片山水之间的举动了。

清西陵建筑各具特点。现存的432座古建筑群中，有许多建筑在营造之初，在严格遵守森严等级制度的同时，又不拘泥于祖宗典制，大胆创新，各具特色：雍正泰陵的三座石牌坊，高大雄伟，美轮美奂；嘉庆昌陵隆恩殿内紫花石墁地，历经风雨，璀璨耀眼；昌西陵回音壁，隔空传话，洪亮清晰；道光慕陵金丝楠木隆恩殿，高贵典雅，小巧别致；光绪崇陵隆恩殿的铜梁铁柱，坚硬无比，富丽堂皇。它们无一不属于清陵建筑之珍品，中国古代陵寝建筑之佳作。

常言道：四座帝陵，半部清史。泰陵、昌陵完整宏伟的建筑规模，反映了清朝鼎盛时期的辉煌；慕陵、崇陵建筑规模的缩减，记录了封建王朝走向衰落的历史轨迹。末代皇帝溥仪陵寝的陡然停建，则是中国几千年封建历史终结的鲜活明证。

世界遗产委员会在审议包括清西陵在内的中国明清皇家陵寝时曾言："明清陵寝是在中国封建社会盛行的信仰、世界观和风水理论的活生生的见证。它们不仅是埋葬杰出人物的陵园，也是记录中国历史上重大事件的场所。"

今天，这片汇聚着山明水秀的自然之美、孕育着帝王之气的风水宝地，已成为全国乃至世界各地的游客欣赏自然美景、领略皇家气派、体验满族风情、感受清史文化的首选。清西陵这块华北最大的生态旅游区，也以其独特的环境和优质

泰陵七孔桥

坐落在大碑楼与石像生之间，是陵区所有桥梁中唯一的一座七孔桥，桥长107米，宽21米，是清西陵最大的一座桥梁。

龙凤门

神道上的门式建筑之一，为六柱三门四壁三楼顶形式，周身用黄绿琉璃构件嵌面，壁心画面是鸳鸯荷花图案。

泰陵石像生

指安设在陵墓神道两侧的五对精美的石像生，分别是文臣、武将、马、大象、狮子。清西陵只有泰陵、昌陵建有石像生。

狼牙山风光

狼牙山风景区位于河北省保定市易县西部的太行山东麓，属太行山脉，距县城45公里。狼牙山是河北省爱国主义教育基地，又是一座国家级森林公园。因"狼牙山五壮士"的事迹而闻名。2005年12月，狼牙山景区被评为国家级森林公园，2008年4月被批准为国家AAAA级景区。

犬牙交错的狼牙山

因群峰耸立，峥嵘险峻，乱峰如犬牙交错，危峰参差又似狼牙，故称狼牙山，为古易州十景和古城保定八景之一的"狼山竞秀"。

的服务迎接世界各地的友人。

五、壮士狼牙铸英魂

狼牙山坐落在河北省保定市易县西部的太行山东麓，属太行山脉，距县城45公里，因其奇峰林立、峥嵘险峻、状若狼牙而得名。它既是河北省爱国主义教育基地，又是一座国家级森林公园，因"狼牙山五壮士"英勇抗日的壮举而闻名天下。

2010年1月，胡锦涛总书记到狼牙山慰问革命老区时称赞："这里是狼牙山，狼牙山是英雄的山，党和人民永远不会忘记。"

那是1937年10月，聂荣臻率领的八路军115师在山西五台山建立了第一个敌后抗日根据地，杨成武同志奉命率部队挺进涞源、易县，在狼牙山一带发动群众，抗日武装不断壮大，令日寇胆战心惊。为彻底毁掉狼牙山根据地，日军山地指挥官高见率领号称"东亚山地精锐"的三千多日伪军，于 1941 年 9 月 24 日开始了对狼牙山根据地的大规模围剿。飞机大炮，陆空配合，对狼牙山"铁壁合围"，大举进攻。被围在狼牙山上的地方党政机关干部和周围村庄的群众 4 万多人危在旦夕。如何掩护这些人突围，令杨成武感到棘手：因为身边一团主力已派往阜平保卫军区机关了，留守的只有七连。但困难难不倒杨成武，他果断采取"围魏救赵"的战斗方案，调派三团和二十团全部兵力从外围突袭日寇，引敌中计，使已在狼牙山上的干部和群众悄悄突围。七连奉命掩护大家安全转移，敌人以为围住了我军主力，开始向山上猛扑。七连利用狼牙山天险，分兵把守路口，节节阻击敌人，战斗持续到中午，异常惨烈。后半夜，小鬼子果然中计，空开一个口子，山上干部和群众沿着棋盘陀悄悄向碾子台方向转移，天刚亮时，神不知鬼不觉地出了狼牙山。

根据作战方案，需留一个班继续拖住敌人，掩护连队转移，有丰富战斗经验的班长马宝玉带领他的战斗力极强的六班勇敢地挑起这一千钧重担。战斗了一天一夜的英雄六班马宝玉、胡德林、胡福才、葛振林、宋学义五勇士没有喘息之机，便与日寇再次激战于棋盘陀险峰之上。日寇攻势极为凶猛，炮火连天，烟云迷空，五勇士以一敌百，坦然不惧，击退敌人四次冲锋，毙敌五十余人，激战五小时，阵地屹立，寇兵难越。直至弹药尽绝，五勇士十

《狼牙山五壮士》雕塑

"狼牙山五壮士"是指在抗日战争时期，在河北省易县狼牙山战斗中英勇抗击日伪军的八路军 5 位英雄：马宝玉、葛振林、宋学义、胡德林、胡福才。在战斗中他们临危不惧，英勇阻击，子弹打光后，用石块还击，面对步步逼近的敌人，他们宁死不屈，毁掉枪支，义无反顾地纵身跳下数十丈深的悬崖。马宝玉、胡德林、胡福才壮烈殉国，葛振林、宋学义被山腰树枝挂住，幸免于难。5 位战士的壮举，表现了崇高的爱国主义、革命英雄主义精神和坚贞不屈的民族气节，他们用生命和鲜血谱写出一首气吞山河的壮丽诗篇，被人民群众誉为"狼牙山五壮士"。

《狼牙山五壮士》油画

为詹建俊代表性作品，创作于1959年。画面抓住了狼牙山五壮士跳崖前临危不惧的形神特征，以塔式的构图和象征性的处理手法，将壮士群像和太行山有机地融为一体，使画面中的五壮士犹如巍巍太行山，尽情地表现了五壮士气冲云天的英雄气概和民族气节。

宋学义与葛振林（右）

宋学义，男，1918年生，河南省沁阳市北孔村人，1941年9月25日在狼牙山战斗中，英勇跳崖，被树枝挂住，幸免于难，系狼牙山五勇士之一。1947年因伤复员，任北孔村党支部书记，1971年病逝。

葛振林，男，1917年生，河北省曲阳县喜峪村人，1941年9月25日在狼牙山战斗中，英勇跳崖，被树枝挂住，幸免于难，系狼牙山五勇士之一。解放战争时随军南下。新中国成立后在湖南省衡阳警备区任后勤部副部长，于2005年去世，享年88岁。

目相对，心有灵犀："誓不以革命之躯见辱于倭寇，故将枪摔坏，相继跳身崖下。崖高万丈，五身飘坠，壮志激发，就此成仁，西风为之悲鸣，流泉为之洒泪……"

五勇士用战斗书写青春，用智勇铸就辉煌，用大义诠释人生。从临危受命到护众脱险，表现了他们与人民的鱼水情感和战斗豪情；从掩护战友到奋力阻击，体现了他们的战友情怀和勇士锋芒；从浴血奋战到跳崖捐躯，展现了他们的英雄本色和凛然气节。

今天，狼牙山五壮士的英雄事迹早已是家喻户晓，狼牙山这座英雄的山也已闻名世界。它是中华民族抵御外侮的见证，是锻造"为国捐躯，慷慨赴死"这一民族精神的不朽丰碑！

狼牙山不仅是英雄的山，而且是神奇的山。

说起狼牙山的神奇，首先体现在名字的由来上。易县作协主席李文通在《话说狼牙山》中记载：狼牙山名字的由来有三种说法。第一种是"老子说"。传说道家始祖老子在这座山的一个山洞修炼，一天，三只狼寻找食物时发现了他，就猛扑过来，老子没有工具抵抗，就随手抄起自己的一床棉被向狼扔了过去。没想到这棉被像一张撒开的大网，把三只狼给罩住了，老子起身用脚猛踢三只狼的头，结果把狼给踢死了。原来这三只狼是玉皇大帝送给老子的食物，老子吃了肉，也就得道成了仙。从此，人们便把这座山称为"狼山"，老子修炼的地方就是今天狼牙山的著名景点"老君堂"。第二种是"刘询说"。西汉年间，汉武帝立刘据为太子，受到御史江充的反对，汉武帝病了，江充便造谣说太子为早日即位，背后诅咒汉武帝早死，汉武帝便下令追杀刘据，刘据有口难辩，就带兵杀了江充。刘据在起兵之前，担心殃及家人，就先让儿子刘询出逃了。刘询就避难在这座山的洞穴里，因而人们称此山为"刘郎山"，后演变为"郎山"，现在山上还有《郎山君碑》，明确记载了这件事。第三种是形状说。郦道元《水经注》中说这座山"众岑竞举，若竖鸟翅，立石崭岩，亦如剑杪，极地险之崇峭"。说的是山峰像鸟的翅膀一样舒展，向宝剑一样锋利。当地百姓看它山峰擎天，山形又像狼的牙齿一样，故而把它叫作"狼牙山"。

其次，它的神奇更体现在这座山的形成上。那么，它是如何形成的呢？

狼牙山位于易县西南部，距县城45公里。因群山耸立，状似狼牙，故名。属太行山系，与五台山绵延竞秀，呈东北—西南走向，方圆百里，有五坨三十六峰，主峰莲花瓣，海拔1150米，为新华夏系满城龙居、易

狼牙山五勇士纪念塔

1941年9月25日，葛振林等五勇士在狼牙山棋盘陀纵身跳下悬崖。1942年1月，晋察冀一分区决定在五勇士跳崖处修建纪念塔。在边区政府的大力支持和建筑民工的艰苦努力下，三层楼高的"三烈士纪念塔"于当年9月底基本建成。1943年9月，在日本帝国主义再次大扫荡中，"三烈士纪念塔"因遭到敌人山炮的轰击而被毁。为继承和发扬五勇士的英雄精神，1959年易县人民重修纪念塔，聂荣臻亲自题写了"狼牙山五勇士纪念塔"的塔名。但由于"文化大革命"和地震的破坏，20世纪60年代末塔再次遭到毁坏。纪念塔两次修建、两次被毁，但毁不掉的是人民对五勇士的怀念。在党和政府的关怀下，1986年第三次修建了"狼牙山五勇士纪念塔"。新塔呈乳黄色，全部是钢筋混凝土结构，占地69平方米，底座直径3.06米，高21.5米，塔身5层，呈正五边形，塔顶设凉亭式黄琉璃瓦塔帽，塔身正面（南面）嵌有聂荣臻题写的"狼牙山五勇士纪念塔"9个金黄色大字。五勇士浮雕像镶嵌在与塔底同高的一面汉白玉旗上。与塔底层相连，向东有一碑廊，碑廊东端是一碑亭，亭内有一个六棱大理石碑，碑上刻有彭真、聂荣臻、杨成武、刘澜涛、陈正湘、史进前等12位领导人的题词，纪念塔周围还有浇筑的栏板、牌坊和围墙。

狼牙琼枝

　　雪后狼牙山，银装素裹，玉树琼枝。刘克庄《清平乐》顿然浮现脑海："身游银阙珠宫，俯看积气蒙蒙。醉里偶摇桂树，人间唤作凉风。"白雪映衬云海，山峰更显峻峭，五勇士纪念塔更显得庄重圣洁。

县娄山构造带，山体为震旦亚界蓟县系高于庄组白云岩。易水文化系列丛书《狼牙山壮歌》载："狼牙山在17亿年前的远古时代，还是一片狼牙山红玛瑙溶洞汪洋大海，经强烈的地质运动，才形成了层峦叠嶂的高山峻岭。"

　　再次，狼牙山的神奇不只体现在它状如狼牙、直指苍天的外貌上，还体现在大自然的奇妙构思上。1993年底，对早已发现的10层阶梯状红玛瑙溶洞的开发初具规模：步入洞口，绕过隐泉，豁然开阔，透过石柱，只见一道钟乳石瀑布凌空飞下，周边棵棵"红松"挺拔凸出，树冠上覆盖着厚厚积雪，原来这是红玛瑙质与白钟乳石质共同创造的杰作；瀑布对面，五音乳石声如编钟，玲珑玛瑙似葡萄串串，这是灰岩碎块被钟乳石包裹形成的景观；洞中倒挂的石笋，令人想起悬崖百丈冰；那奋力爬动的海龟，仿佛还未来得及抖掉身上的海水；千姿百态的石帘、石柱、石珍珠、石珊瑚令人目不暇接。此外，天梯石缝中动物遗

骸历历在目：山羊、野鹿、一老一少的狗熊等遗骨，清晰可辨，失足？避难？百思不得其解。洞中还有处于生命早期形态的海藻类植物化石，通过对叠层石基本层的分析，可以判断出远古时期昼夜、潮汐的变化关系，是认识古代地球物理演化的生动标本和重要信息。

正是地质构造复杂而演化神奇的狼牙山衍生出中国名砚——易水砚的质地温润而硬度适中的易砚石材。

六、母亲情怀易水河

易水，是流淌在古老易州大地上的一条河流。

她从太行山东麓的古易州五回岭南麓发源，穿易县，过定兴，再与拒马河交汇，下白沟，达津沽，一路浩荡，奔流入海，素有"凌厉越万里，逶迤过千城"的美誉。元代勘定"燕山八景"时，尚要"重行易水三关路，为欠燕山八景诗"，足见易水文化的历史悠久，源远流长。

风景优美的易水河

易水河，千年流淌，浪花翻卷，烟波浩渺。易水湖锁住易水河上游水流汇集成湖，水质清澈纯净，周围环境优美，景色宜人。

中國名硯

燕昭王

　　燕昭王（？－前279年），姬姓，名职，战国时燕国第39任君主。燕王哙之子，燕王哙死后，由燕人共立为燕昭王。公元前312年至公元前279年在位，在位期间燕将秦开大破东胡，上将军乐毅联合五国攻齐，攻破齐国，占领齐国70多座城池，造就了燕国盛世。燕昭王建黄金台招贤纳士的故事广为流传。

易水河碑

　　北易水发源于云蒙山南麓，流经龙泉庄、梁格庄、县城南侧，于石寨出境入定兴县汇入中易水。境内河道长约39公里，流域面积510平方公里。2009年进行综合治理，并立此"易水河碑"。

　　易水，不只是一条河流！

　　易水河哺育了易州先民。我们知道，北福地文化遗址将易县文明史追溯到了8000年前，那时，易水河畔就出现了农耕行为、房屋、村落、陶器、玉器，是中国农业文明的发源地之一。《山海经》的《山经》证实山经河经易水过白洋淀入海，故易水为黄河古道的一部分，其战略位置之重要由此可见一斑。《史记索隐》载："契生尧代，舜始举之""尧封契于商（今河南）"，于是商民族产生。距今4000—5000年前，此处居住着商族的有易氏部落，易水之名便由此而得。《山海经·大荒经》载："王亥托于有易，河伯仆牛，有易杀王亥，取仆牛。"《竹书》又载："殷王子亥，宾于有易而淫焉，有易之君绵臣杀而放之。是故殷主甲微假师于河伯，以伐有易，灭之，遂杀其君绵臣也。"两段文字都说明有易氏部落居住在易水两岸。当代历史学家翦伯赞、郑天挺在《中国通史参考资料》中断言："有易是商代北方一个部落，大约在今河北易县。"我们可以自豪地说，易水河是民族的摇篮，是我们易州先民的母亲河。

　　易水熔铸了民族精神。公元前227年，荆轲和着高渐离的击筑声，在易水河边慷慨悲歌——"风萧萧兮易水寒，壮士一去兮不复还。"这一千古绝唱成为后人壮怀励志的经典格言。

　　时光流转2168年，同样在易水河畔，太行山麓，有几个年轻人于1941年在抗击日寇的战斗中，用热血和生命奏响了一曲爱国主义的当代颂歌，把为国捐躯的民族精神推向了极致。我们可以自豪地说：易水河见证了一幕幕惊天地、泣鬼神的历史话剧，激励着一代代中华儿女为建设强大的祖国而义无反顾、奋发有为。

易水润泽了千年古县丰厚的文化。华夏文明洋洋大观，尤其垂青易水三川（北易水、中易水、南易水）：星罗棋布的历史遗迹从 8000 年前一直绵延到近代解放战争，朝朝代代皆有迹可循、有史可考。这些历史遗迹清晰地记述了帝王将相、忠烈侠士、僧儒道番、墨客骚人的悲欢离合，北福地史前文化，后山道教文化，燕下都古燕文化，紫荆关长城文化，清西陵皇家文化，狼牙山红色文化，望龙山风水文化……这些文化既各成体系又相互兼容，既博大精深又互为佐证，是"中国发展史"的精彩缩影和传统文化的真实写照。另外，和易水有关的成语典故也是它悠远历史文化长河中的绚丽浪花，如千金买骨、鹬蚌相争、怒发冲冠、义无反顾、白虹贯日、图穷匕见、慷慨悲歌、左衽之爱、卧冰求鲤、甘棠遗爱、毛遂自荐等。我们可以自豪地说：易水文化呈现的是华夏文明的夺目光彩和先民的大智大勇，构成的是一道璀璨的"中国发展史"长廊，也是当今易县京南生态文化旅游名城建设不可或缺的强力支撑。

所以说易水不只是一条河流，它拥有母亲的情怀，为生活在这片古老而神奇土地上的易州儿女无私奉献着丰厚的物质和精神给养。呈现给我们的又何止这些，易水也给予了易州大地宜人的

中易水

中易水，俗称罗村河，发源于西部蚍蜉岭东麓，经良岗横穿中部和东部，于周任村出境入定兴县，至北河店汇入南拒马河，境内河道长约 61.5 公里，流域面积 829 平方公里。

火烈鸟还在，四只白天鹅，一飞就是几十里，而成群的绿头鸭则在河流上游觅食、戏水。野生动物救护专家张生分析，近几年中易水河因为生态环境渐好，才吸引诸多珍稀鸟类在此逗留，补充食物。今日中易水已经成为黑鹳、火烈鸟、灰鹤、绿头鸭、白天鹅等候鸟南飞的天然驿站。

气候，尤其是上天赋予的易水三川（北易水、中易水、南易水）之中的南易水，为形成质地优良的易砚石材提供了天然条件。南易水发源于狼牙山东麓，由沙岭向东南流至西山北转为向东北流，经塘湖至曲城流入徐水县。境内河长33公里，地下水在山间蓟县系地层水位很深，太古界地层沟谷有风化裂隙水，为易砚石材的温润细腻提供了良好的水文基础。

"易水依然似镜明，低回往事不胜情。"今天我们"走进燕赵大地，走进易水河，看翻卷浪花，望浩渺烟波。岸边古塔，不朽的是凛然正气；涛声依旧，迎接的是沧桑变革……河水洒满灿烂的阳光就更加灿烂！"

古往今来，我们依恋易水，她有母亲的情怀；我们歌颂易水，她是易州的命脉；我们装扮易水，她带我们走向未来。

城市建设方兴未艾的易县

易县城市建设随着"城市建设三年大变样"进程的推进飞速发展。旧城改造日新月异，新城建设突飞猛进。如今高楼林立，塔吊急旋，城市建设，方兴未艾。

第二章

易砚发展历史沿革

饕餮纹瓦当

多出土于河北易县燕下都遗址。燕下都为燕昭王时期修建，是燕国通往齐、赵等国的咽喉要地，也是燕国南部的政治、经济、军事重镇。

饕餮是一种传说中的动物，相传它"有首无身，食入未咽，害及其身"。饕餮纹则常饰于青铜器之上。饕餮纹瓦当是燕国典型建筑装饰之一。

南庄头遗址出土的石磨盘、石磨棒

南庄头史前文化遗址位于南易水的徐水瀑河水库南堤内外，是我国北方少有的新石器时代早期文化遗存，距今9700—10500年。

南庄头出土的遗物种类有陶器、骨器、石磨盘、石磨棒和留有人工痕迹的动物骨、角等，还发现了沟、灰坑和用火遗迹。陶器为夹砂灰褐陶和夹砂黄褐陶，类型为盂类、罐类、钵类等，主要是做炊器用。其中骨器最引人注目，有骨锥、骨笄、骨镞等类型的器物共十余件。这足以证明易水流域是古代文明最活跃的区域之一。

硯是我国传统书写用具，在人类文明进程中曾起着重要的作用。硯在原始社会时称为研磨器，由研磨粮食的石碾和石磨演变和发展而来，最初的形制只是由一个经过简单加工的厚厚石饼和一个用于碾压的研石组成。从相传"黄帝得一玉，琢为墨海"开始，硯迄今已有数千年的发展历史。根据史料记载，硯在汉代以前被称作"研"，从汉代开始才改称为"硯"。它的产生和发展是与中华民族的文明进步相适应的。

易县具有悠久的历史，孕育了燕赵大地丰厚的文化，孕育了易水河流域的燕文化，融合了灿烂的多元文化，并拥有数千年的硯文化发展历程。

纵览历史发展规律，易硯的发展与我国其他主流名硯的发展情况基本一致。正如我国当代古硯收藏家、硯文化学者阎家宪先生在其《家宪藏硯》中所述，硯的发展大致经历了新石器时代、秦汉、魏晋南北朝、隋唐、宋元到明清几个历史时期，如果再全面一点，还应该包括民国乃至再现高峰的当代。

而与主流硯种发展规律略有不同的是，易硯因历史文化的差异和石材的不同，在我国硯文化发展过程中表现出了一些特殊规律，其大致经历了以下八个发展阶段：

一、史前文明奠定基础

由前文我们得知，易县北福地曾出土了8000年前史前文化时期的石磨盘、石磨棒、石耜等石器，还出土有比例适中、结构合理的陶制面具，这些无不表明易水流域的先民的制陶工艺和石器加工工艺早在新石器时代就已较为成熟，并且他们具备了一定的造型能力，甚至已掌握了石器平雕和镂空雕刻技术，这就"把我国的雕刻艺术的历史大大向前推进了几千年"（段宏振《北福地——易水流域史前遗址》）。而就易砚石材的应用来讲，2007年在易县尉都乡孝村东部商代遗址出土的商代石铲即可说明，易水石作为生产工具，其加工和应用已处于成熟阶段。这枚玉黛石石铲，中部圆形孔规范整齐，表明当时玉黛石已经在生产活动中使用，并且人们具备了在石料上钻孔的能力。这些工具的加工和使用无不为易砚的启蒙

易县北福地出土的各种石斧

易县北福地遗址发掘中，750平方米的发掘面积内，12座方形半地穴式房址中堆满了各式石器，其中最多的是类似斧、锹的石粗。图中间最大石粗长46厘米，是中国目前遗址发掘中形体最大、磨制最精致的农具；周围摆放着的形状、颜色、大小不一的石粗，说明当时的农业已经有了较大的发展，为探索北方新石器时代早期文化的发生和旱地农业起源提供了重要线索。

和发展提供了技术基础，同时也为我们对易砚发展的研究探索提供了证据，增强和丰富了易砚发展的科学理论依据。

二、汉代易砚成组出土

易砚，又名易水砚，因产于河北易县而得名。古易州西倚太行山脉，东临渤海，连接着冀中平原，处于十分重要的战略地理位置，是我国古代兵家常驻之地。公元前4世纪中期，燕昭王于易水营建燕下都，招贤纳士，富国强兵，使燕国跻身七雄之列。作为战国"七雄"之一的燕国，在兵器的加工上已具有世界领先的锻钢淬火技术，能够制作锋利兵器和雕刻用刀，这不仅为大量铁制兵器的生产提供了技术基础，同时也为燕赵大地农耕生产和生活工具的加工生产提供了技术保障。据考古研究证实，在燕下都遗址的历次发掘和日常发现中，大量出土的石制饰件已雕刻得较为精美，这表明战国时期，古易州的石器已随着金属加工工具的改进在不断地进步，也说明易砚在金属加工工具的影响下，已具备精美生产的物质基础。

2006年，在我国"南水北调"中线"京石段应急供水工程"施工过程中，北京市文物研究所和河北易县旅游文物局联合对易县塘湖镇南北邓家林墓区东汉墓进行了考古发掘。其中，13号墓中出土的一组汉代石质黛板，引起了考古界和砚界的广泛关注。这组黛板由两块平板和一块研石构成，均为玉黛石质。两块平板均呈长方形，

汉代易水石黛板出土地现况

汉代易水石黛板出土地为易县南北邓家林墓区，它位于塘湖镇、南易水北岸，与南岸的易砚主产地台坛等村隔河相望。现南水北调中线横穿墓区。

易水石黛板出土

2006年4月至6月，为了配合南水北调中线工程的文物保护施工，北京市文物研究所和易县旅游文物局对易县南北邓家林墓区进行了考古发掘施工。这是石黛板出土时的情况，黛板上圆组为研石。

光滑细腻，边缘切割整齐。其中一块长14厘米，宽6.3厘米，厚0.7厘米；另一块长14.7厘米，宽7.2厘米，厚0.5厘米。平板中部微凹，四周残留墨色痕迹，表明此物为墓主人生前使用并倍加喜爱的石质书写砚。研石为方形，圆纽，底宽3.7厘米，纽高1.2厘米。石品纹路层次清楚，与现代易砚制作所使用的玉黛石的石品花纹完全吻合。加之石砚出土墓地与易县砚台基地台坛村隔河相望，具有明显的地域特征，表明产自易县本地。这组黛板被专家认定为目前发现最早的石质易砚，也是我国目前出土的具有明确纪年和明确石种的最古老砚种之一。

　　易县出土的这组黛板，具备哪些明显的制砚工艺特征呢？

　　第一，这组黛板选料非常讲究，一改以往随机选取或依据自然形态稍加磨制的原始状态，所选玉黛石石料，质地细腻，纹路清晰，表明易砚所使用的石料早在东汉以前就已经定型。将石料加工成了长方形，完全改变了石料的原始形状，齐整规范，平滑美丽，体现了明显的制作工艺和审美意图。

　　第二，这组黛板采用了比较复杂的制作工艺，表明加工工具已经大为改进。从采用的技术手段分析，金属工具在制砚领域已经

成组出土的易水石黛板

　　石品：石晕、水线、俏色

　　规格：上者长14厘米　宽6.3厘米　厚0.7厘米　下者长14.7厘米　宽7.2厘米　厚0.5厘米　研石长3.7厘米　宽3.7厘米　高1.2厘米　2006年出土于易县南北邓家林墓区13号墓　现藏于河北省文物保护中心

　　成组出土的易水石黛板由两块平板和一块研石组成，两块平板为长方形，边缘切割整齐，中部微凹，四周残留墨迹。专家认为这是目前发现最早的石质易砚。这一发现将易砚历史由唐代至少向前推至东汉，早于"四大名砚"五六百年，印证了史料记载的易砚为中国石质书写砚先驱的地位。

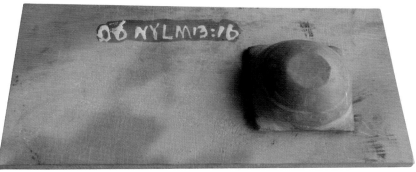

广泛使用，在制作时采用了剖层、切割、雕刻、打磨等多种技术，现在易砚制作所涉及的几道主要工艺都能从这组黛板中找到传承的脉络。

第三，研石设计已经融入了人文精神的寓意。将研石下部设计为方形，上端设计为圆形，既可以有效地增加研磨面积，又可以利用方圆连接部位防止手指触墨，同时又体现了天圆地方的宇宙认知，与墓主人的方形墓室、拱券墓顶的墓葬形制体现了同一理念。

第四，这组黛板的出土，表明易砚在当时已经成为倍受珍爱的文房用品。战国至两汉时期，厚葬风气甚盛，与13号墓同时发掘的有东汉墓中出土的陶质楼、仓、圈、井、猪、狗、鸡、俑，这与当时人们的生活向往有关。而以黛板随葬，不仅表明这组器物与墓主人的密切关系，而且也表明东汉时期易砚在易水流域的使用已经较为广泛。因此说，这组黛板砚正是研磨器和雕刻技术不断传承、演变、发展，并与优质玉黛石结合而产生的经典作品，更是探究易砚历史、研究易砚演进过程的珍贵实物资料。它的出土为易砚的历史悠久提供了有力的实物佐证，印证了史料记载的易砚为中国石质书写砚先驱的地位，实为我国"文房四宝"文化领域中的重大发现。

三、奚氏父子与名砚墨

说起易砚，奚氏父子不可不说。这是因为二人不仅因制墨而名垂青史，而且与易砚的发现和发展有极为密切的联系。

松塔形松烟墨

东汉　高6.2厘米　直径3厘米　1974年宁夏回族自治区固原县西郊出土，现藏于国家博物馆

此墨呈松塔形，黑腻如漆，烟细胶清，手感轻而紧致，虽埋藏于地下近两千年，但并未剥蚀龟裂，其完整程度几若新脱模者。

砚台发展至唐代，材质上已由汉代以陶砚和石砚为主逐渐向石质砚发展。随着墨块、墨锭的产生，人们开始注重研磨墨块的下墨效果，并以此作为衡量砚材优劣的尺度。在汉代，制墨技术不断发展，墨也由最初的天然墨块逐渐过渡到人工加工制成的墨，在这一前提下，砚已完全脱离了研磨的研石，向独体的砚式发展，遂出现了以端砚、歙砚、洮砚和红丝砚为主的四大石质名砚。如西晋张华《博物志》中记有"天下名砚四十有一，以青州红丝石为第一"的说法。除了材质的变化外，唐代砚的造型也丰富多样。常见的除有辟雍砚外，还有箕形砚、凤字砚、龟形砚等。晚唐五代还出现了由箕形砚向抄手砚过渡的长方形双足砚。需要说明的是，砚尽管在质地上已有石砚、陶砚、瓷砚、铜砚、铁砚、漆砚、玉砚等多种材质类型，样式也比前期更多，其制作也较为精致，四大名砚也先后行世，但出土的砚中大多数还是陶砚和青石砚，端、歙、红丝、澄泥等名砚还属稀有。

相对于砚来说，墨的变革却是质的变化。秦、汉时期，制墨集中在隃糜、延州、扶风（今陕西千阳、延安、凤翔）等地，其中以隃糜所产墨最为著名，后世常以隃糜作墨的别称。汉末到唐代中期，制墨区域逐渐移向易水、上党、潞州（今河北易县、山西长治等地）一带。当时在易县有个叫祖敏的人，因制墨出色，被提拔为唐朝的"墨官"。《唐书·地理志》记载："易州土贡墨。

龟形陶砚

　　唐代　长12厘米　宽10厘米　高3.8厘米　张元藏

李廷珪古法宝墨

　　现代　松烟墨　2两　安徽老胡开文墨厂生产

李廷珪像

　　唐代制墨名工。生卒年不详。易水人，后迁居安徽歙县。奚鼐孙。所制之墨"丰肌腻理，光泽如漆"。元陶宗仪论及松烟墨制法时说："自易水父子（指奚超及子廷珪）渡江，庶几集大成云。"至宋仁宗嘉祐年间，帝于"群玉殿"宴近臣，曾以"李超"（自奚超南渡，奚家世为南唐墨官，赐姓李）墨赐之，曰"新安香墨"。

仿南唐李廷珪易水法墨

　　意当时治墨者，不特祖氏。其后奚、李、张、陈皆出，易水制作之盛，有由来矣。"这说明易水制墨名家不但有祖氏，还有奚氏、李氏、张氏、陈氏几大家族，这在《墨史》一书有详细记载。《墨史》、弘治《易州志》、《易县志》同载："祖敏本易州人，唐时墨官也。其法以鹿角胶煎和之，名闻天下。"又有"我国自唐、宋以后，历代制墨匠人多出于易州"，"现今的徽墨即是易州人奚氏父子所传，徽墨源于易县"的说法。这说明易县是我国古代传统制墨的故乡，制墨工匠、名家辈出。

　　隋唐时期，统治阶层通过科举选拔官吏的制度推行以来，民间读史习书之风大涨，"文房四宝"笔墨纸砚也获得前所未有的发展和普及。正是在这样的社会和文化背景下，奚氏父子所产的墨在为数不多的民间制墨中脱颖而出，名噪一时，成为南唐后主李煜梦寐以求的文房之宝。后主遂赐其父子二人以"国"姓——李，更其名为李超、李廷珪。

　　李超、李廷珪原名奚超、奚廷珪，系父子，为五代时南唐易水（今河北易县）人，均为造墨名家。《易县志》（卷三十一《人物志》）载："奚廷珪，五代时易水（今河北易州）人，其祖奚鼐，善造墨，所制者面有光气，印有'奚鼐'或'庚申'二字。唐朝末年，社会动乱，廷珪随父奚超携家至安徽歙州。因此地多松树，故尔定居。"父子俩共同改进了捣松、和胶等技术，所制佳墨深得南唐后主李煜之赏识。奚廷珪担任墨务官，并被赐国姓，以此易名李廷珪。其所制墨佳绝，为世人赞誉，人称"廷珪墨"，或称"新安香墨"。

李家造墨松烟轻、胶质好、调料匀、捶捣细，据说存放五六十年后，仍"其坚如玉，其纹如犀"。所造墨"其坚利可削木"，抄写《华严经》一部半，才研磨下去一寸，存放数百年，研磨时尚有"龙脑气"。古籍《遁斋闲览》中载宋大中祥符时（1008—1016年），"李廷珪墨，某贵族偶误遗一丸于池中，疑为水所坏，因不复取，既逾月，临池饮，又坠一金器焉，乃令善水者取之，并得其墨，光色不变，表里如新，其人益宝藏之"。宋人称之为"天下第一品"。南唐皇帝常用李家墨赏赐功臣；宋太祖以后，凡皇帝写诏书，都用廷珪墨。由于统治者的垄断，市上很难买到李氏父子所造的墨，宣和年间，竟出现"黄金可得，李氏之墨不可得"的奇缺现象。庆历年间，一方廷珪墨，卖到一万钱。其式样名品，明《遵生八笺》中载："李廷珪龙纹墨、双脊墨、千古称绝。"

或因李墨盛名远播之故，由李氏父子发现的易水砚则声名不显，几乎不为人知。

据《保定名产》载："早在唐代，易州的奚超父子就继承了祖敏的松烟制墨技术，并在易水终南山津水峪发现了'易水砚'。

"易水余香"墨

长 12.5 厘米，宽 3 厘米，厚 1.4 厘米。两面分别模印"易水余香"及"函朴斋制"涂金文字，墨顶端阳识"歙汪节庵选烟"。"函朴斋"即墨王汪节庵之室名，凡落此款者极少，至精。

徽墨

由李廷珪父子始创的松烟墨逐渐发展成了现今品类齐全、名盛古今的徽墨。自唐宋以后，安徽（古称徽州）发展成为全国制墨中心。

虽然五代时，奚氏迁居歙中，而易砚也久盛不衰，成为北方闻名的'文房四宝'之一。"意思是说，李（奚）氏父子在取水制墨时，发现了易水砚，虽后来迁居歙州，但由二人发现的易水砚也从此在古易州声名渐起，久盛不衰。如此一来，李（奚）氏父子不仅因制墨技艺而闻名，也堪称我国古代易水砚有名有姓的制砚鼻祖。

但尽管如此，在我国民间，目前尚未发现隋唐之时的易水砚文字资料和实物传世。

四、平稳快速发展时期

两宋是我国封建社会的重要时期，商品经济十分发达，瓷器、玉器、书画等传统艺术空前繁盛。发达的文化艺术和顺畅的商品经济交流使我国古代制砚业进入前所未有的鼎盛时期。

这一时期出现了像苏轼、黄庭坚、米芾、蔡襄、李成、范宽、宋徽宗、文同等一批有成就的书画大家。砚学理论方面，有米芾的《砚史》、苏易简的《文房四谱》、高似孙的《砚笺》、唐积的《歙州砚谱》、欧阳修的《砚谱》和杜绾的《云林石谱》等，这些著作对砚的发展，起到了极大的指导作用。

在材质方面，端石、歙石、洮河石、澄泥等砚材已广泛应用，其他地方各种质地的砚材也纷纷涌现。据宋代书法家米芾的《砚史》记载，当时的砚材有唐州（今山西临汾县）的紫石、宿州（今安徽宿州）的乐石、成州（今甘肃成县）的栗亭石、淄州（今山东淄博）的金雀石、

登州砚

宋代　长21.8厘米　宽11.8厘米　高2.6厘米

形制长方，上开长方形砚池，下方砚堂微凹，似有墨迹残留。古朴端庄。

蔡州（今湖北枣阳西南）的白石、东州（今河北省河间市东北）的褐色石、登州（蓬莱古称登州）的登州石、潭州（今湖南长沙）的潭石、泸州（今四川泸州）的泸州石、明州（今浙江宁波）的明州石等，虢州（今河南灵宝）、温州（今浙江温州）、信州（今江西上饶）等地也均有砚台生产，其品种多达40余种。

在造型方面，两宋时期的砚在形制上也具有明显的时代特点。典型的有抄手砚、太史砚、蝉形砚，以及浅刻以龙凤、鹦鹉等仿生图案的砚等。

抄手砚是从箕形砚演变而来，其基本形制是长方形，前窄后宽，头部落地，四侧内敛，两边为墙足。砚底被掏空，以便将手插入移动，故名。太史砚由抄手砚演化而来，形体较高，砚堂平展，砚首及两侧砚墙壁立，造型平稳厚重。蝉形砚的造型一如秋蝉，砚首似蝉首，加两侧所饰的一对大眼磨为砚池，蝉腹砺为砚堂。宋代抄手砚的应用非常广泛，以至影响到其他许多砚式，因此，宋代大多砚型无论方圆，均表现为底部掏空，四周内敛，形成上大下小的特点，具有鲜明的时代风格。

在宋代众多砚型中，间或有仿生的砚型，这些砚型纹饰多施于砚面，除了少数以浮雕手法表现外，多数均用阴线刻画，线条细韧而有张力。

在宋代，随着对石质砚的使用和比较，端砚、歙砚、洮河砚、澄泥砚这四种不同材质

澄泥质抄手砚

宋代　长17.5厘米　宽12.3厘米　高2.2厘米　张元藏

砚背印压有"彭城法制澄泥细砚"款。

歙砚

宋代　长18厘米　宽10厘米　高6厘米　张冬玲藏

形制椭圆，圆形砚堂上开月牙形砚池，寓意为日月同辉。

元宝池易砚

宋代　长16.5厘米　宽11.5厘米　高2厘米

石色紫红，砚面砚堂方正，砚首深挖元宝形墨池，池起缘。砚背平整。砚面砚背伴生有易水石黄色石眼。

淌池易砚（残）

宋—元　宽12.5厘米

石色呈灰绿二色，砚面长方起缘，形体方正，砚首做淌池，为典型易水砚石。

的砚最终被确定为"四大名砚"，并一直延续使用至今。这一点，在宋代苏易简所著的《砚谱》中有明确记载："砚有四十余品，以青州红丝石为第一，端州斧柯山石为第二，歙州龙尾石为第三，甘肃洮河石为第四……"而后又因红丝石石脉掘尽，红丝砚为虢州澄泥砚所代替，遂形成了我国历史上的新"四大名砚"。在宋代，石质砚已毫无疑问地发展成为砚之家族中的主流，不仅如此，在两宋文学、书画盛行的历史时期，人们不仅开始讲究砚的使用效果，也开始注重石质砚的石品和石理。不仅四大名砚普遍具有易磨益毫的特点，以特有石品所制的砚台其特点更为突出。如端砚中的石品"鱼脑冻""青花""蕉叶白"等，此类石砚在使用时细腻滋润，易发墨而不伤毫；歙砚中的"罗纹""眉子""水舷金纹""金星"及"青色绿晕"等，均有"涩不留笔，滑不拒墨"的特点。对石品有过赞誉的也不乏其人。如宋代著名文学家、诗人欧阳修曾题诗赞美歙砚中的金星砚，说"徽州砚石润无声，巧施雕琢鬼神惊。老夫喜得金星砚，云山万里未虚行"。

米芾在其《砚史》中亦有赞曰："金星宋砚，其质坚丽，呵气生云，贮水不涸，墨水于纸，鲜艳夺目，数十年后，光泽如初。"如此等等，亦不乏陈。可见宋代文人对石砚之石品也情有独钟。

　　对"四大名砚"及其他众多石质砚来说，古易砚或因声名不显，或因其他种种原因，在这一时期被"四大名砚"耀眼的光环所隐没，但在宋辽时期，古易砚仍然得到了平稳、快速发展。易州列入辽国疆土后，易砚受到辽人器重，名列宫廷贡品之首。到了宋代，易水砚更为赵氏皇族所垂青，名列宫廷贡品中名砚之首。曾有鉴赏家赞易水砚："质地坚润而刚，颜色嫩而纯，滑中有涩，涩中不滞笔，涩而易发墨，其色尤艳。"易砚无论在造型方面或者在石色、石品的选择上，抑或是在制作工艺方面都遵从宋代砚的发展规律，深得两宋时期宫廷统治阶层或文人雅士的喜爱。只是种种主观和客观原因所致，易水人至今尚未寻得这一时期的典型砚作，不能一睹其芳容，但我们相信，随着砚文化的逐步推广和深入，易砚终会在将来走出历史"迷宫"，横空出世。

五、元代有零星生产

　　元代是一个由蒙古族政权统治的王朝，其崇尚武功，南征北战，虽建立了当时领土辽阔的蒙元王朝，但其铁骑下的中原文化却受到了严重的摧残。在其统治下，读书之人社会地位低下，被列为十等人中的

青石砚

　　元代　长24厘米　宽18厘米　高4.6厘米

　　方形砚堂，砚沿微起，四脚支撑，敦厚稳重，古朴大方。

墨童灯笼砚

元代　长15厘米　宽14厘米　高2厘米　古砚斋王光禄藏

此砚取易水南岸黄伯阳洞紫翠石制成，造型浑厚、古朴，线条粗犷，具有元代古砚特征。

双池砚（正背）

明代　长15厘米　宽9厘米　高5厘米　古砚斋王光禄藏

此砚取易水南岸黄伯阳洞紫翠石制成，为双面砚池，双面篆铭，正面为瓶形，背面为长方形，年深日久，墨浸砚体，故呈紫黑色。其雕工老到，品相端庄，包浆自然。

第九等，仅居于乞丐之上，故当时有"九儒十丐"之说。加之在民族血缘关系的影响下，统治者任人唯亲，而后又废止以科举选拔人才的制度，使崇尚读书的文化人无缘施展才华，而与读书人"终身与俱"的砚台，也无不受其影响遭到冷落，无论在数量上抑或在质量上与宋代砚都难以相提并论。

总的来讲，元代以石砚居多，材质大多承袭两宋，一般多为石质较粗粝的杂石砚，石品上佳的端、歙名砚很少；在造型上，元砚大多亦基本沿袭宋代，变化甚微，或因受民族文化制约，其砚显得甚为高大、厚重、粗朴，琢制工艺也明显粗糙，有些石砚甚至可以看到砚底深浅不一的凿制痕迹，鲜有精雕细刻者。

作为北方重要石质砚种之一的易砚，在元廷定都大都，逐渐吸收和启用汉文化以后，尽管也遭受战乱影响，但仍有零星生产。易砚在元代的发展不如宋代，制砚工艺没有什么变化。但从保存下来的其他石质砚我们可以得知，元砚造型与纹饰处处体现元代统治者粗犷强悍的民族精神，形成了元代石砚粗犷豪放、刚劲有力的艺术风格。

六、明清时期始有恢复

明清时期，砚台制造

业迅速恢复，其材质更丰富，造型更多样，制砚工艺也逐渐由实用性转向观赏性。一如明代家具，明代的砚造型简洁流畅，总体追求的是简约和纯正风格。而清代的砚，由于皇帝的喜爱和推崇，其选材唯美，雕琢更加精巧，琢制工艺精益求精，镌刻铭款时往往别出心裁，有的还加琢了砚盖，雕琢风格由古朴渐趋华丽，制作极为考究，使我国古代文房中的"文具"之一的砚台，转而成为集书、画、雕刻、髹漆等多种表现工艺于一体的精美工艺品。因此，清代是我国古代制砚业发展史上的第三次高潮，也是最后一个高潮。

对于明清时期砚台的材质，近代学者赵汝珍在其《古玩指南》中如此论述："自石砚创兴以来，官民所采已足社会之需，故元明之时多用石砚，除前代所遗及政府所造之少数瓦砚外，社会甚少再用瓦砚者。清初三藩作乱，砚坑弛禁，以故易采之石均为居民剥取以尽。乾隆朝重新整理，大肆开伐，凡以前不易得、不能得之石均能设法挖出，故乾隆朝所产之砚，以质地、花纹言，均优于以前。清末，张之洞总督两广，又行采取，所获亦多，且多大件，世之所谓'张坑'者即此是也。此后，因石砚之价低且无如此大力者，故未闻有所开采也。以上所述，仅及端、

抄手砚

　　明代　长20厘米　宽11厘米　高6厘米　马巨才藏

　　砚取易水南岸黄伯阳洞紫翠石制成，砚形平稳，庄重大方，砚面、砚缘浅起，首开"一"字池，两侧砚墙壁立，砚背抄手渐深。抄手内伴生一大石眼。

"翰墨流香"砚

　　清代　长13厘米　宽11厘米　高3厘米　四御砚斋阎家宪藏

　　砚取易水南岸黄伯阳洞紫翠石制成，砚首处刻葡萄纹，四周起缘，砚背设四矮足，中央开浅覆手，覆手镌刻篆书"翰墨流香"四字。原配花梨木砚盒，盒面刻"梅花图"，并刻题"江南一枝春，己丑春三月，清瑞写"。

"日月同辉"砚

清代 长 21 厘米 宽 11 厘米 高 3 厘米 四御砚斋阎家宪藏

砚取易水紫翠石制成，较大，结构方正平实，石质细润，堪与端石并肩。

坡池砚

清代 长 14 厘米 宽 9 厘米 高 2 厘米

砚取易水紫翠石制成，砚面四周起缘，墨池为坡形，砚堂平整方正，石质细润。失盖。

歙消涨情形。盖中国产砚之地虽多，但质地之优良，数量之伟巨，无有过于此二者。故从来谈砚者均以二石为首班，其他为附庸，盖成色平庸，数量有限，虽有似无。故明了端、歙者即可了然一切也。"当然，赵氏所言仅针对石砚中的端、歙而论，并未提及其他砚材。而事实上，在清代，除了端、歙、洮石及澄泥等著名砚材外，前面所述的各种材质也被用来制作砚台。在材质上，为了满足多方玩赏的需要，明清时期的砚台除了常见的石质、陶瓷、澄泥等砚材之外，还用水晶、翡翠、象牙、玻璃、金属、漆砂、竹木、纸张等研磨效果不佳或不能研磨的材料制砚。

在明清时期，砚式除沿袭一些常见的形制外，还产生了自然形砚，即在百无一同的砚石上进行构思与创作，个性十分鲜明，因此，此期砚台的造型也极为多样。据有关史料记载，宋代已有书画家自己动手制砚刻铭的先例。而至明代，石砚的制作已发展到了普遍能因材施艺的较高水平，且出现了"随形砚"。明末清初，随着玉器"俏色"雕琢工艺的普及，砚雕艺人开始借助砚石的天然色泽与纹理，运用线雕、浮雕、镂雕等多种雕琢工艺，将花草树木、飞禽走兽、山川日月、人物典故、金石碑刻、名家书法等图案、纹饰、文字融入石材的纹理之中，因材施艺，巧色巧雕，达到了天人合一的绝妙境界，使我国制砚工艺有了质的飞跃。

明清时期，尤其是清代，由于砚台受到世人普遍的喜爱和重视，在砚雕精益求精的同时，也应时产生了诸多砚雕名家，著名的有明末清初的黄宗炎、汪复庆、黄易、刘源，清代的顾二娘、卢葵生以及顾圣之、顾启明、吴士杰、张钝、梁仪、王玉端、戴清升、汝奇，等等。

　　明代，易砚在砚石的开采上规模有所扩大，也增加了新开坑口，制砚工匠数量增加，生产规模逐渐恢复。砚式非端、歙二砚般变化很大，大都还延续前期规矩方正的风格，造型趋向宽敞浑厚，端庄厚重，纹饰简洁，优雅精致，但也有少数的随形砚，构思较为特别，开易砚追求文人砚雕之先河。明代鉴赏家赞易水砚："质之坚润，琢之圆滑，色之光彩，声之清冷，体之厚重，藏之完整，为砚中之首。"

　　清代是我国砚台发展的重要阶段。这一时期，相比于其他砚种，易砚在清雍正帝首建清西陵泰陵之后获得了重要发展机遇。每到祭奠之时，雍正酷爱书法的儿子乾隆都要前往泰陵祭奠，而借此机会，易砚被当地官员推荐给了艺术素养极高的乾隆皇帝。传说乾隆见到易砚后爱不释手，遂命当地雕刻五十方易砚，以赏赐亲近大臣，并将易砚、柳叶烟、磨盘柿并称为"易州三宝"，列为清时宫廷贡品。我国当代著名古砚收藏家阎家宪先生一生阅砚

"古瓶"砚

清代　长19厘米　宽8.6厘米　高2厘米

形如古瓶，中间开圆形砚堂、砚池，唇刻花瓣纹饰，额雕绽放梅花，双耳对称，雅洁清丽。

"云龙"砚（正背）

清代　长22厘米　宽16厘米　高3厘米　四御砚斋阎家宪藏

砚取易水南岸西峪山老坑玉黛石制成，砚额刻飞腾云端的龙纹，墨池为云形，砚堂微凹，水线清晰；砚背刻牛田，上书"古石二色，温如良玉"，落款"乐寿老人赏玩"。

无数，在其金匮之中就收藏有清康熙、乾隆时期的易砚五方。其中一方紫红色"天马行空"砚，系采用易水南岸黄伯阳洞紫翠石精制而成。其造型长方平正，石色紫红，石质细腻，砚面四周起双线砚缘，有大涮池，砚岗处镂雕一奋蹄奔跑的天马，造型写实，神形毕现。砚首处一颗石眼晶莹，十分引人注目。四面砚墙均刻有铭文，其中左右和砚首处刻一对联，文字为"学士青莲，尚书红杏；中郎绿绮，内史黄庭"。行文由右至左旋读，书体为小篆，结字工整端方。砚尾处镌刻楷书"大清康熙戊戌"数字，书风俊秀，书镌皆精。砚背镌"大清康熙戊戌""御鉴"篆书款，印风俊朗，镌刻极佳。

据阎先生考证，此砚联语多有指意。如"学士青莲"，指唐代人李白，其号青莲居士，为翰林院学士。"尚书红杏"，指宋代尚书宋祁，其因写了"红杏枝头春意闹"之句而闻名。"中郎绿绮"，指汉代官拜中书郎的蔡邕，其精音律、善鼓琴。绿绮为古琴名。"内史黄庭"，指晋朝的王羲之，他是会稽内史，曾写过《黄庭外景经》。短短数语，广纳汉晋唐宋文豪雅士，内涵深邃，书香墨韵跃然砚上，令人叹服。而"康熙戊戌"则为康熙五十七年，即公元1718年，时值清

"丹凤朝阳"砚

清代　长24厘米　宽13厘米　高4厘米　四御砚斋阎家宪藏

砚取易水优质玉黛石制成，造型方正，砚首精镌一飞舞的凤凰，砚缘浅起，砚堂中心微凹，石质细润，雕琢精良。

"天马行空"砚

清代　长15厘米　宽12厘米　高3厘米　四御砚斋阎家宪藏

此砚以易水南岸黄伯阳洞紫翠石精制而成。砚堂上端与水池前沿雕饰天马行空图案。砚背刻"大清康熙戊戌御鉴"。

代鼎盛之期，而一代明君康熙皇帝所用诸砚中竟有一方名不见经传的易水砚，是否可证实易砚在清代受到皇家帝王的青睐和重视？而此砚在近三百年后的今天，尚以如此完美的品相留存于世间，又是否因为是康熙御鉴之砚而备受历代藏家所珍视呢？但总的来说，此砚足以说明在端、歙、松花等名砚盛行的清代，易砚也确确实实是受到了非同一般的礼遇和重视。

双鹿"甲天下"砚

民国　直径9厘米　高3厘米　尤振宇藏

砚取易水南岸黄伯阳洞紫翠石制成，圆形饼状，砚面圆润饱满，砚背以我国汉代瓦当纹"双鹿甲天下"为饰，纹饰古拙，图文并茂，形象生动。该砚堪当近代紫翠石易砚精品，为精巧实用型易砚样本。

"嫦娥奔月"摆件

现代　玉黛石　直径29厘米　高3.5厘米　崔凤桐制　崔国强供图

祥云瑞锦，嫦娥翩飞，玉兔怀抱，灯笼轻挑，云袖舒摆，丝绦舞飘，万般风情，回眸一笑。

七、现代崔凤桐砚传盛名

崔凤桐，1924年出生在河北易县台坛村制砚世家，是我国易砚发展史上的一个里程碑式的人物，也是到目前为止唯一一个因传艺而被载入《易县志》的易砚雕刻艺人。

崔凤桐自幼跟随父亲崔老聘学习制砚。1939年，15岁的崔凤桐跟随师傅在北京古砚铺当学徒，他性情憨厚质朴，不善言辞，却天赋异禀，喜绘画，勤奋好学，默默地跟随师傅制砚。一次无意之中，他得知自己设计雕刻的一方易水砚被一侵华日军头目收藏，民族的情仇陡然涌上心头，他遂愤然离开古砚铺，回到易水河旁的家乡——台坛村。

20世纪六七十年代，崔凤桐积极投入

1978 年，崔凤桐接受记者采访

易砚砚雕小组成员

　　1976 年 4 月，崔凤桐和易砚砚雕小组成员在台坛村合影。

　　前排左起：马学庆、石克勇、马庆瑞、崔廷江。中排左起：石文彬、马进忠、石文奇、崔德玉、崔凤桐、马福春、马希贤。后排左起：崔荣贵、张文显、崔凤奇、马振池、崔志国。

村队建设，负责起村里制砚组的技术工作。其所制砚型多为传统的抄手砚、方形砚、圆形砚等仿古砚式。崔凤桐制砚技术精湛，善于创新，他注重吸收雕塑、绘画等艺术门类的创意表现技法，还利用参观学习的机会仔细观摩九龙壁，在受到启发后，反复琢磨，认真模仿，首创了一方"九龙砚"。此砚以镂雕技法装饰，具有与传统砚式的端庄文静迥然不同的艺术风格，尽显飞舞灵动之姿、大气雄浑之感。崔凤桐因此砚荣获国家工艺美术设计奖，一时盛传县乡四野。除此之外，崔凤桐还大胆打破只在家族内传授技艺的保守思想，破除门户之见，开门收徒，传技授艺，受到人们的尊敬。他先后为易砚培养了五十多位制砚

艺人，成为连接易砚的传承和新生的一座桥梁，客观上推动了易砚雕刻技艺的创新和发展，为易砚今后的复兴和繁荣奠定了良好的技术基础。

1978年，党的十一届三中全会的春风吹绿了神州大地，也使易水砚这朵古老的艺术之花重获生机。同年8月，崔凤桐坐上县委书记的小车来到县工艺美术厂，成了一名省里点名聘请的砚雕艺术顾问。刚一落脚，厂长就交给崔凤桐一项砚雕任务。当时适逢中日友协会长访日，国内相关机构计划为即将访华的日本政要大平正芳制作一方古砚，这一任务就这样落到了崔凤桐的肩上。这一夜，崔凤桐想起三十多年前在北京的那方砚，想到自己当年因所制砚为日本人收藏而感到厌恶，而今却要为日本政客专门雕刻一方砚。他回忆着日本在侵华战争中犯下的滔天罪行，彻夜难眠，但最终在国家民族大义的感召下，经过几天几夜的精心设计和雕刻，制作出了一方"东方巨龙"砚，交付县领导，完成了党和国家交给他的重大任务。此砚后传至廖承志、邓颖超等领导人手里，得到他们的极高评价。崔凤桐得知后，竟无法控制自己的感情，高兴得流下了眼泪。1979年8月16日，他参加全国工艺美术艺人、创作设计人员代表大会，受到了华国锋、叶剑英、邓

"九龙"砚

　　现代　玉黛石　长44厘米　宽34厘米　高7厘米　崔凤桐制　崔国强供图

　　随形砚。中间开砚堂、砚池，堂如旭日，池似深海，砚周祥云深浅起伏，其上九条巨龙腾挪跌宕，翻卷做姿，浮雕精工，立体感强。蕴含着皇权和天子之尊的九五之数，象征正在和平崛起的中华民族犹如巨龙腾空，飞舞九霄，意指华夏神州到处是一片盛世繁荣景象。

　　为崔凤桐代表作之一。

1986年，杨成武将军接见崔凤桐

"喜鹊登梅"砚

现代　玉黛石　长26厘米　宽26厘米　高6厘米　崔凤桐制　崔国强供图

砚盖巧用玉黛石古铜色石层镂雕"喜鹊登梅"图，砚盖、砚体相合严密，但又旋转自如。工艺精良。

崔凤桐传授技艺

1979年，崔凤桐老人（中）正在为儿子崔国强（左一）及弟子传授技艺。

小平、李先念等中央领导的接见。

就这样，在崔凤桐的带领下，台坛易砚雕刻小组精心设计，仔细琢磨，创新雕刻出了以人物、花草、龙凤、虫鸟等为主要题材的各种易砚。如"二龙戏珠"砚、"松鹤望月"砚、"八仙下棋"砚、"桑蚕吞叶"砚、"龙凤朝阳"砚、"哪吒闹海"砚、"水漫金山"砚、"明月松间照"砚、"犀牛望月"砚、"金龟献寿"砚、"百鸟朝凤"砚、"天女散花"砚、"嫦娥奔月"砚等一批具有民族特色和风格的砚品。作品随料定形，刀法精细，形态逼真，受到了上级的重视。1981年，崔凤桐当选为河北省工艺美术学会会员；1982年，他被河北省易县二轻

工业局誉为"工艺美术优秀设计者";1983年,其作品《天女散花》《喜鹊登梅》荣获轻工业部"百花奖"一等奖,他也被誉为"著石传人";1984年,崔凤桐代表作再次作为国礼赠予外国元首,并编入《当代中国工艺美术》一书。

八、重生于当代

新中国成立后,易砚这一中华民族艺术瑰宝重获新生,蓬勃发展。从新中国成立到改革开放前夕,易砚出现了社队和个人共同开发生产的局面,主要生产龙砚、龟砚、蚕砚、琴砚、棋砚等传统名砚,不仅畅销国内,还大量出口韩国、日本、新加坡等亚洲国家,深受国外友人的欢迎。1978年,全国人大常委会副委员长廖承志访问日本,携易砚两方作为国礼赠送田中角荣和大平正芳,在日本引起轰动。同年,原易县工艺美术厂生产的名牌易砚——易水砚,与端砚、歙砚被评为全国三大高档名砚。随后将近二十年,易县国营工艺美术厂致力于名牌打造,为了和乡村作坊生产的易砚加以区别,在"易水砚"产品上狠下功夫,屡获殊荣。

改革开放,易砚逢春,发扬光大,再现辉煌。1982年,易水砚获河北省优质名牌称号,原中国书协主席启功先生为易水砚题词"易水精舍"并赋诗:"易水萧萧,砚底波涛;笔歌墨舞,功在柔毫。"1985年,易砚荣获轻工业部工艺美术"百花奖"一等奖。1987年,全国人大常委会委员长彭真为易砚题

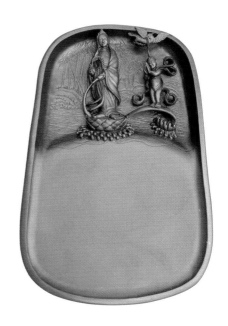

"南海大士"砚

现代 玉黛石 长25厘米 宽15厘米 高3.5厘米 崔凤桐制 崔国强供图

此砚以无彩黑色玉黛石琢就,石质滋润,色彩凝重,砚堂广开,宽邃的墨池中精雕大慈大悲的南海观世音菩萨,其神情温和,携童子由南海竹林圣地向世人走来,气氛庄严。

为崔凤桐代表作之一。

抄手砚

当代 玉黛石 长27厘米 宽18.5厘米 高6.2厘米 王增福作

砚取易水玉黛石制成。

"易水精舍"书法

　　1982年，时任中国书法家协会主席的启功先生为易水砚题词。

"封侯挂印"砚

　　当代　玉黛石　长36厘米　宽22厘米　高6厘米　易水砚有限公司供图

　　俏其色泽，山青水绿，树木蓊郁，根生崖壁，蜂窝倒挂，蜜汁欲滴，猴子机敏，挂印于枝。寓意美好，构思新奇。

词"易水古砚"。1988年，国家主席杨尚昆为易水砚题词"东方巨龙"。之后多位国家领导人相继来易县考察易砚，大大推动了易砚的发展和兴盛。

　　这里需要特别指出的是，1978年以后，易县工艺美术厂成立，纳入县二轻系统。该厂集中了易县优秀的制砚人才，成为易砚龙头企业。1978年以来，易砚所获荣誉实际上主要是易县工艺美术厂生产的易水砚所获荣誉。1989年，该厂在国家工商总局注册"易水"牌商标，同年，"河北易县燕下都易水古砚厂"成立，创始人是张淑芬、邹洪利夫妇，该砚厂于1996年接收了因企业改制而倒闭的易县工艺美术厂制砚工人以及"易水"商标。从此，在易水砚的引领下，易砚进入了新的全盛发展时期。

第 三 章

易砚砚石的产地分布和资源特色

河北省行政区域划分

图为河北行政区划图，里面标示了保定的地理位置，在保定区域内则以绿色标注易县的相对地理位置。

易县的丘陵地貌

在易县，这种地貌随处可见。许多村居零星地聚集成山脚下的自然村落，有的则散落在丘陵间。

一、易县的地理位置及砚石产地分布

（一）易县的地理位置

易县在我国古代又称为"易州"，隶属河北省保定市，为河北省 11 个地级市下辖的 106 个县之一。东北距北京 110 公里，西南距省会石家庄 169.2 公里，南距保定市区 60 公里。位于保定市西北部，地理坐标为东经 114°51'~115°37'，北纬 39°02'~39°35'。东西跨距 67.7 公里，南北跨距 61.7 公里。地处太行山区向华北平原过渡倾斜地带，在太行山东麓，华北平原西北边缘。平均海拔 324 米，十分之七为山地、丘陵，地势由西向东下降明显，流水落差大。总面积为 2534 平方公里。下辖 9 个镇、17 个乡、1 个民族乡。2013 年，易县总人口为 55.74 万人。

从地质学说的角度而言，易县位于新华夏系华北平原凹陷带与太行山脉隆起带分界部位，西北境为太行山隆起带与天山纬向构造的燕山沉降

带交汇处，经过漫长的地质岁月，由陆变海、由海变陆的沧桑变化，才逐渐发展和演变成今日境内自西北向东南，由陡峭逐渐趋于平缓的地貌形态——山地、丘陵、平原三大类型，素有"七山一水二分田"之称，地形复杂，地貌独特。

易县——中国石材之乡

因易县石材产出较多，储量丰富，在2005年5月，中国石材协会授予易县为"中国石材之乡"称号。

该石为独体的天然花岗岩，长8米，重约40吨。

（二）独具特色的易县矿藏

经过数亿万年的地壳变化和漫长的地质岁月，易县经过了由陆地变海洋、由海洋变陆地的沧桑变化，逐渐形成了自西北向东南，由陡峭逐渐趋于平缓的总体地貌形态，也正是经过了这些复杂的地质变化，易县孕育了丰富的矿藏资源。

据资料显示，易县丰富的矿藏可分为有色金属矿、贵金属矿、冶金辅助原料矿、燃料矿、化工原料非金属矿等，其中，金矿、铁矿、花岗岩、瓦板岩、水泥用石灰岩等资源储量位居保定市前列。花岗岩，俗称"易县红"，在1999年就被选为天安门广场铺地石，其花色漂亮，典雅大气，尽显尊贵，代表着国家的尊严。另外，铸石用玄武岩、麦饭石、方解石、瓦板岩也都是易县特色矿产品。截至2010年底，全县发现矿产资源41种，探明资源矿种有金、银、锌、铁、煤、辉绿岩、片麻岩、水泥灰岩、大理岩、高岭土等20种，发现矿床（点）171处，有矿产地82处，包括大型矿产地1处、中型矿产地9处、小型及以下矿产地68处，金、银、铁、锌、煤炭、水泥灰

易县石种之一——岩浆岩

易县石种之二——花岗岩

易县石种之三——瓦板岩

巍峨的西峪山

　　西峪山位于易县、满城、徐水三县交界处，海拔近千米，是易砚石材玉黛石的生产地。

岩矿种勘查程度较高。

　　更可喜的是其非金属矿不仅储量巨大，而且品种更为多样，分别有砚石矿、麦饭石矿、蛭石矿、铸石矿、白垩土矿、石英岩矿、天然油石矿、刚玉矿、海泡石矿、文石矿、上水石矿、磨刀石矿、滑石矿、松林石矿、硼矿等。其中，尤以砚石矿资源最为丰富，具有矿藏集中、质地优异、石品丰富、石材巨大、坑口集中、易于开采、绿色环保等优势特色。

（三）砚石主要产地

　　易砚砚石的产地主要分布在尉都乡的黄龙岗、塘湖镇的西峪山。其中，黄龙岗除早已封闭的黄伯阳洞外，有老坑台坛大洞石坑、小井儿石坑及朔内的3个现代坑口；西峪山除早已封闭的韩湘子洞外，有老坑2及4个现代坑口。除了尉都乡和塘湖镇之外，西山北乡、裴山镇、凌云册乡也有砚石吭口分布。

在众多砚石产地中，尉都乡台坛砚石矿为水成岩，矿体产于震旦亚界青白口系井儿峪组，为灰黑色或紫色的质地细腻的泥质灰岩。此地砚石开发历史悠久，也较有规模，而且有自己的特色。

二、 易砚砚石的资源特色

易砚石矿资源具有矿藏坑口集中、储量巨大、石材巨大、易于开采、质地优异、石品丰富、绿色环保、保护得力等优势特色。

（一） 矿坑分布较为集中

易县境内以山地、丘陵为主的地貌，使

易县砚石产地分布示意图

图中小红点即为易砚砚石主要产地和易砚加工所在地。由图我们得知，其产地主要分布在易县的东南，而且较为集中。

砚石矿资源与其他非金属矿相比，矿藏非常集中。目前已知的岩石坑口，主要集中在南易水南岸的狼牙山山脉，自西向东覆盖了西山北乡、塘湖镇和尉都乡三个乡镇辖区。砚石矿藏较为集中，这是易砚砚石资源的一大特色，无论是早已名扬天下的玉黛石和紫翠石，还是近年新开发的几种砚石材，都集中在狼牙山山系。

从行政区域的角度来看，砚石矿藏资源集中的特点，不仅便于开发利用，还具有以下几个优势：

1. 行政区域明确。矿藏资源属于易县尉都乡和塘湖镇，有利于乡镇的统一管理。

2. 资源归属明确。行政区域划分明确，砚石原产地地标明确，确保了矿产资源隶属行政单位的唯一性，不会出现相邻村镇哄抢资源的纠纷，消除了社会不安定因素，因而有利于资源的保护。

3. 可集中管理组织开发。可以组织实现规模化、现代化开采，使开采能够有序进行。

4. 利于规模经营。矿石资源在区域内相对集中，有利于建设规模经营的矿业基地。

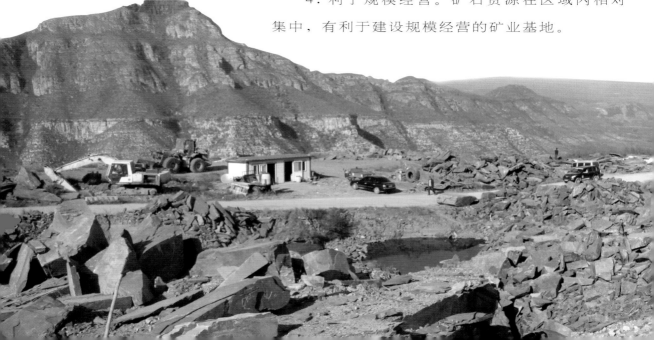

（二）储量巨大

1. 紫翠石储量：易砚主要石材紫翠石产地尉都乡台坛村黄龙岗，因地貌属于丘陵，地面由黄土覆盖，地势连绵起伏，蜿蜒曲折，远望去犹如数条盘曲静卧的黄龙，故得名黄龙岗。其矿带长约4.1公里，宽约0.8公里。矿区面积约为3.28平方公里，预测资源量为3990万立方米，其中黄伯阳洞是过去开采的主要坑口，在黄伯阳洞附近开挖了新坑口，其中丘陵、平地坑矿区面积为1.189平方公里，预测砚石材资源量为316.56万立方米。由于黄龙岗矿带属于丘陵地带，海拔并不是很高，因而无论是已废弃的黄伯阳洞还是正在开挖的新老坑口都易于开采和运输。

2. 玉黛石储量：易砚玉黛石产于易县塘湖镇易水南岸西峪山上，矿区面积为2.15平方公里，预测资源量为2950万立方米。其中韩湘子洞，因采挖时间久，洞又幽长，洞内多处坍塌，已废置不用。如今人们多在西峪山的阳面开挖新洞口来采挖石料，且采用现代化机械操作。

需要说明的是，因易砚砚石质细而硬，为砚颇佳，发墨益毫，便于使用等优

露天开采砚石

图为位于塘湖镇的西峪山玉黛石露天开采装运现场。开采方式为机器加人工，开采程序为先用挖掘机扒开山皮将其堆积一旁，或用铲车铲走，然后用挖掘机开挖，若遇陡峭到机器不能到达的地方，须人工用铁锤、钢钎、撬棍慢慢采挖，挖到3~4米以下便可挖出大小不一的砚石料，或直线开挖，或斜线开采，留出续道以便装运，直至无可用砚石料为止。一般随用随挖，可用原石被工匠及时运走，不能再开采的地方须及时用铲车将原土和碎石回填，以保护环境。

玉黛石原石

开采于现代坑口 4，长 560 厘米，宽 180 厘米，厚 80 厘米，重约 12 吨。是该坑口"大个头"原石中较为常见的。

成堆的大块砚石石料

位于现代坑口 1 的原石料，该坑口目前以机械化方式进行集中开采，在通常时间段内，工人一天可开采 10 吨左右这样的原石。

异品质，故而易砚也有其长达数千年的开采和加工历史。其远溯两汉，近推清末民国，都不曾有间断的开采历史。也正是由于开采历史长久，加之矿藏集中，易砚石材储量在数千年的开采使用历史中与日递减，尤其是今天随着易县建设"京南生态文化旅游名城"的总目标和"千年古县，绿色易州，中等城市"的发展定位的确定，也随着近几年人们对环境保护认识的提高和意识的增强，县乡两级政府加大了对矿区自然环境的保护力度，加大了对矿区开采的管理力度，加大了对胡乱开采的处罚力度，更使得易砚砚石的开采受限；况且，大量劣质、无序开采，也致使温润细腻、抚之如玉的良材精华石料挥之殆尽，不由令人扼腕叹息，并且开采成本的提高也令现今的易砚加工业忧心忡忡，难以阔步。

（三）石材巨大

或因得益于亿万年沧海桑田的地壳变化，易砚砚石多成型巨大，石料相对平整，形状较为规矩，且石材内部结构稳定，易于开采和加工。有的石材重达数吨，甚至几十吨，乃至上百吨，成

为加工和制作形体巨大的陈设观赏砚的首选砚材。就这一点而言，其他兄弟砚种砚石难以企及。

也正是拥有这一优势资源，易县诸多砚台加工单位时常将这一优势充分发挥，制成一些具有特殊纪念意义的巨砚，成为易砚砚界加工制作的一张金字名片，为易砚或中国工艺美术界赢得了许多荣誉，形成了我国砚史上前所未有的一种特殊现象，而为砚界所津津乐道。典型的巨砚作品有如下若干：

1．1997年，为庆祝香港回归祖国怀抱，河北易水砚有限公司特制的巨型"归"砚，重达6吨，赠予香港特别行政区，以示庆贺，现由人民大会堂收藏。

2．2000年，为见证中华民族新世纪崛起和腾飞，邹洪利主创并带领研发小组设计了重达30吨的"中华巨龙"砚。此砚长14.6米、宽3.8米、高1.6米，采用玉黛石雕刻而成，砚身雕有56条龙，9只神龟，砚池为中华人民共和国版图、日、月图案，2006年被上海大世界吉尼斯总部授予"大世界吉尼斯之最"的称号。

3．2012年，为庆贺北京园博园开园，邹洪利设计并主雕了"归缘"巨砚。该砚长15.8米、宽3.3米、高1.8米，重约百吨，砚面以祥云为背景，长城为纽带，56条龙盘绕飞腾，表达56个民族紧密团结；9条巨龙与一高瞻的金凤互呈吉祥；

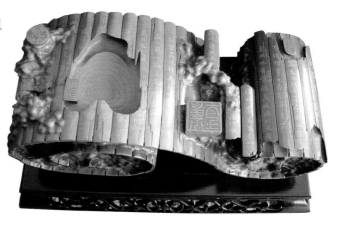

"书简"砚

当代　玉黛石　长75厘米　宽32厘米　高18厘米　易水砚有限公司供图

此砚形似两端一上一下卷起的竹简，竹片颜色有深有浅，或残或烂，砚池形状不规则，像是被泥土腐蚀留下的痕迹，池中青萝轻浮，尤似水晕，令人似乎闻到了远古泥土的芬芳。残存的泥痕，古雅的文字和印章，散发着浓郁的书卷气息。

"五龙图"砚

当代　玉黛石　长39厘米　宽29厘米　高6厘米　易水砚有限公司供图

底黝黑，表青绿，鲜润宜目。该砚以色泽、气势取胜。五条神龙昂首吟啸于祥云之上，呈凌空飘飞之姿，龙身俏丽润滑，触之如玉，石胆活若转睛，色似玉珠。此砚深邃空灵，虚实有致。

"神龟"砚

当代　紫翠石　长85厘米　宽60厘米　高50厘米　易水砚有限公司供图

此砚以驮子神龟为主体雕琢而成，取"寿上加寿，万寿无疆"之意，寄托着人们对生命的热爱。由中国佛教协会一诚会长收藏。

"归缘"砚

当代　玉黛石　长16米　宽4.4米　高1.6米　现藏于北京园博园　易水砚有限公司供图

图为当时运装现场情形。

日月同辉，福星高照；九龙翻腾，九龟祝寿，则代表九九归一，长治久安；一幅中国版图宛如一条巨龙屹立东方，表现中华民族祈盼统一及伟大复兴的时代主题。"归缘"砚蕴涵着和谐、吉祥、统一、久盛的音符。在北京园博园开园之际，邹洪利毅然将中华第一宝砚"归缘"砚捐赠给第九届中国（北京）国际园林博览会，园博园将其作为镇园之宝并建宝阁以陈列收藏。此砚由邹洪利带领五十多位雕刻大师历时五年半制作而成，其形体之巨大，雕琢之繁复，寓意之深邃，堪称中华第一砚。

除以上巨砚之外，邹洪利还带领其创作团队创制了"群星璀璨"砚、"桃李天下、振兴中华"砚、"中华魂"砚、"家春秋"砚、"中华腾飞"砚、"乾坤朝阳"砚以及"双龙聚宝"等巨砚，并分别被北京园博园、清华大学、人民大学、北京师范大学、巴金文学院、重庆长安集团、法国

总统希拉克、新加坡总统陈庆炎收藏。

（四）易于开采

易县地处丘陵过渡地形地段，故而易砚砚石没有像端、歙砚石一样采取水坑水下深挖的采掘方式，采掘方式相对简单一些，主要有露天开采和掘洞开采两种方式。

1.露天开采

就是对自然环境中裸露的砚石矿体进行开挖和采掘。我们知道，砚石矿在自然环境下，必定会受到日常的风吹日晒以及四季温差变化的影响，从而矿山体表的石材通常较为干燥，结构也不如矿体内深处的砚石稳定。矿石均一般表现出表层次劣，深处优良的特点。故而采掘时一般会将矿山表层的石层适当剥离，再由表及里、由外向内进行开掘。在采掘的过程中，为保证砚石不因受震而产生裂纹，一般都不会过度使用机械设备和爆破手段，而是采取人工结合铁锹、镐头、凿子、锤子、钻子、楔子、撬棍等简单工具开采的方式进行。

开采时，首先采石者用铁锹、镐头等农具挖坑，去掉土层（土层下面是一层软石，亦称薄石）再向下挖掘，从外向里或自上而下进行一步步深度采挖，直至挖到理想中的砚石层。特别要说明的是，人工采挖所用的镐头、凿子、撬棍等工具都是选用上好的钢材锻打而成，还要经适度的淬火后才能使用。因为钢材质地太软则易钝，淬火太硬则易折断，二者须刚柔相济，恰到好处方能正常使用。与机械和爆破等方式对比，这种采掘

人工开采砚石

当坑口较浅、较大、较平坦时，工匠只需借助钢钎、铁锤、撬棍等采挖，用铁锹、独轮手推车清淤即可。

机械与人工结合开采

此为朔内2号紫翠石坑口。当坑口较深、较窄、较陡峭时，需人工用钢钎、铁锤、撬棍等采挖，因不便清除碎石、土渣，需用铲车清淤；有时遇到较大块砚石需借助铲车，通过续道往外运输。

人工开采砚石之二

　　这是台坛小井儿石紫翠石坑口。石材巨大，和地面成80度角，垂直陡峭，工匠采挖只好先打眼儿，然后用撬棍撬开。

机械化运装

　　这是西峪山玉黛石现代坑口4装运现场，铲车、挖掘机、卡车、拖拉机，完全实现了机械化装运。

方法较为安全，易出完整大料，但不足之处是费工费时，不易出材，来之不易。

2.掘洞开采

　　掘洞开采的方式如同其他矿类开采的井下作业。具体是先由经验丰富的采石人根据经验找到易于出材的砚坑矿脉，或者根据古代采石人采掘的砚石矿道，通过开挖竖井找到矿体，再开横巷采掘；或直接横向开采，或斜向凿洞开采。因为矿体夹在断裂形成的悬崖峭壁里，洞窟随着矿体延伸，因此古代易砚洞口采石有"易石洞采凿寻，石匠累伤骨筋。渣子斗石斗米，精料钧石千金"的民谣。易砚砚石有许多名洞名坑，"黄伯阳洞""韩湘子洞""老坑"即为古代易砚采石名坑古洞。

　　掘洞开采的优点是砚石在洞中免遭风雨侵蚀和冬夏温差影响，能总体保证砚石质地的温润特质以及湿度和硬度；缺点是作业危险，安全保障性差，且出材较少。

3.运装

　　易砚砚石的运装主要采用吊装法。在过去，首先将采掘剥离的砚石石材用撬棍撬起，依据杠杆原理慢慢挪动到较平稳处，然后用三根顶端集束、固定高度适宜且较有韧性的张开的原木作为支架，再在支架的顶端悬挂好导链，由一人双手拽动导链直至吊起一定高度的石材，最后慢慢端放于预备好的车厢内，必要时还会在车厢内铺垫树枝或其他防震材料，以保证石材在运输过程中不会因道路颠簸而断裂，以求得砚石完整、安全、顺利地运往目的地。这样的运装方式一直是易砚人采取的最为常见的方式，看似简单，却蕴涵了运装人的智慧、技巧，其方式方法是易砚人最为尊敬和崇拜的。

现在，油丝绳早已代替木棍，机器也早已代替人工，挖掘机在工程师的指挥下扒开表层风化的山皮，汽车运走渣石，大型装载机将预先用钢丝绳绑好的巨型石材轻轻起吊，稳稳放置，完全实现了机械化操作。

（五）质地优异

易水砚石存在于古生界寒武系地层，矿体产于震旦亚界青白口系井儿峪组，形成时限为10—8亿年，因狼牙山、云蒙山、洪崖山一带的岩石为浅海沉积岩，故易砚砚石属于沉积岩（又称水成岩）中的泥质岩。化验分析证实，其与端、歙、洮砚等名砚石料类同，均是泥质岩，为全国优质砚石之一。

正是由于地质构造复杂而演化神奇的狼牙山，衍生出质地坚韧皆备而硬度适中的易砚石材；另外，发源于狼牙山东麓南易水，地下水在山间蓟县系地层水位很深，太古界地层沟谷有风化裂隙水，为易

"二龙献宝"砚

当代 玉黛石 直径30厘米 高11厘米 崔小朝制

此砚以深浮雕手法琢制，砚盖刻祥云神龙及古币，取"献宝"之意。二龙相对，大气浑雄。作品大气而稳重，可镇宅。

石渠砚

当代 紫翠石 长16厘米 宽11.6厘米 高3.8厘米 郭兵藏

此砚以易水紫翠石精制，质地温润如玉，造型周正、大方，线条挺拔劲健，打磨细致，令人爱不释手。

"月精"抄手砚

当代 玉黛石 长 21.8 厘米 宽 21.8 厘米 高 8 厘米 右文堂制

形制方正，开圆形砚面，砚池深奥，夸边曲沿，两角圆凸，砚堂环状水线清晰耀眼，恰似月精灵沐浴月光，唤起不可思议的力量。

砚石材的温润细腻提供了良好的水文基础。因此说，易砚石材质地优异，浑然天成，狼山易水二者之功缺一不可。

《易州志》这样评价易水石："石质不亚于端溪""砚石有紫、绿、白诸色，质细而硬，为砚颇佳"。而民间一直以来也都有"南端北易"之美誉，予以易砚很高评价。

无论是紫翠石还是玉黛石，质地细密柔腻，坚韧皆备，硬度适中，抚若凝脂，发墨快，不伤毫，墨汁流润而不易蒸发，具备发墨、贮墨、保湿、利毫的优良特性，使用起来既不生涩，又不打滑，随心所欲，得心应手，这些与端砚相比毫不逊色。下面表中的一组数据即可说明这一点。

石材	岩石类别	主要成分	次要成分	硬度（摩斯硬度值）	粒径（毫米）
端砚	泥质岩（沉积岩）	黏土矿物	赤铁矿、高岭石和石英	2.8～3.5	0.01～0.04
易砚	泥质岩（沉积岩）	黏土矿物	铁、金、锰、石英	3～4	0.01～0.05

端砚与易砚结构比较

石材硬度较小则砚石空隙率小，砚石的矿物细，粒间间隙小，从而达到很好的发墨效果。从表中数据可知，端砚硬度较小，所以发墨更好，而易砚硬度较大，所以下墨更好。但是易砚在岩石类别，主、次要成分，硬度和粒径五个方面和端砚大体相同。

那么，易砚所用石材品质优异体现在哪些地

方呢？有人认为，易砚主要具备了"德、才、品、貌、韵"五德。

1.德

指易砚砚石肌理细密。易砚石材具有沉积岩中黏土岩类的基本结构，其矿物质在地壳运动中受压力作用呈现紧密的定向排列，岩石坚硬细密，为泥质隐晶结构，化学性能稳定，结晶颗粒均匀，颗粒极其细微，粒径大小在0.01mm以下，密度为3.05克每立方厘米左右，与粉尘分界点为0.07mm，这说明易砚石材空隙率小、饱和吸收率低；砚石的矿物细、粒间间隙小、结构非常紧密，开型或小开型裂隙不发育，使砚石蓄水不涸，使易砚下墨快、易雕刻。

另外，砚石中含有的铁、金、锰、铜、钾、等多种金属离子，以网状形态均匀排列。易砚砚石主要矿物质各结构单元层借助钾离子联系，结构紧密，能很好地阻止水分进入晶格中。在这种特殊的组合结构下如遇重力敲击，砚石容易沿着该解理面开裂成片，但砚石层内联系则相当紧密，因而易砚砚石结构具有肌理细密之德。一般来说，石滑者不发墨，发墨者易损毫，二者难以兼得。易砚砚石的石理恰恰极其细腻紧密而不滑墨，发墨极快而不伤毫，二者齐美。

饕餮纹水渠砚

当代　玉黛石　长19厘米　宽19厘米　高6厘米　易水砚有限公司供图

方形砚面开方形砚堂、砚池，外沿阴刻汉代回形纹，线条流畅精美；四角为高浮雕饕餮镇兽，侧面为浅浮雕饕餮纹，留四足；砚背面同样纯净，上端为淡水纹，下面是浪花纹。做工纯熟，饱满厚重，具有极高的收藏价值。水渠砚曾荣获"中国原创·百花杯"中国工艺美术精品金奖。

淌池砚

当代　玉黛石　长28厘米　宽18.6厘米　高5.5厘米　右文堂制

砚面开长方形砚堂、砚池，线条挺拔劲健，边角圆润柔和，砚面有明显墨迹残留，砚背水线清晰，打磨细致，品相端庄。

2. 才

指易砚砚石滋润滑腻。易砚砚石处于狼牙山矿带，山中谷幽林茂，峰峦耸翠，断崖飞瀑，迎面高悬；再加上南易水河长流不息，矿带水分充足，温润之气精养砚石，因此砚石结构紧密，水分不易散发。甚至易砚砚石打磨抛光后，哈气即有水珠出，抚摸其犹如抚摸婴儿之肌肤，温润滑腻。易砚不仅有很好的储水功能，而且经久耐磨；不仅发墨快，发墨均匀，而且研墨无声，下墨细而有泽韵；不仅因结构紧密而不渗水，而且贮墨日久又不涸不腐，因此千百年来易砚称雄于砚林。

3. 品

指易砚砚石质坚性温。易砚砚石硬度适中，其劈理发育的半页结构，性温、质硬而不脆。因为砚石的基本硬度既取决于主要矿物质硬度，也取决于主、次矿物质的含量比例、粒径及分布结构等状况。而易砚砚石主要矿物质摩斯硬度为3~4度，次要矿物质摩斯硬度为6度左右。这样的硬度便于雕琢，而墨锭的硬度一般为2度，与易砚的硬度相当，被人们赞誉为"金玉良缘"：既能使墨锭研墨至恰到好处，又能使砚台久经摩擦而不受损伤。仅就这一点看，易砚砚石便充分彰显了质坚性温的优良品质。

苏东坡说"坚而润，斯二德难兼"，此砚石具备这两个优点，《端溪砚》一书曾这样描述："因为石英硬度较高，故砚石中石英数量愈少愈好。"叶尔康《端砚优异性能本源谈》一文中也认为"次要矿物在5%

渧池砚

当代 玉黛石 长29.8厘米 宽19.8厘米 高4.8厘米 右文堂制

砚形长方，开长方形砚堂砚池，砚边线条挺拔劲健，边角圆润柔和，砚面水线清晰，打磨细致，品相端庄。

左右最宜""赤铁矿含量在 3%－5%，石英 1%－2%
被认为是最佳砚石""端溪老坑青灰色泥质
岩石品质最优"。如此看来，易砚石
材从属性、构成、硬度、含量、比
例等方面和端砚石材几乎没有什么
大差别，难怪古今人评砚时多有"南
有端北有易"之论。

4.貌

指易砚砚石色泽典雅。色泽是体现砚台观赏
价值的重要因素，易砚砚石的基本色调为黑、紫、
绿、白、橙、黄、褐色。之所以色彩丰富，是因
为易砚石材种类多样，即使同一种石材颜色也因
坑口不同而迥异。玉黛石为黛色、灰色，其上水
线纹又分白、黄两色；紫翠石分为紫色（为猪肝色）
或褐色（即棕色），其上石品纹分白、黄、锈三色；
氟石为绿色，或深色墨绿，或暗军装绿；青玉石
为浅黄、浅绿、白色或几种颜色混同等；海藻石
为黑灰色，其上海藻花纹有紫、黄、赤、橙等颜色。
这些色彩使易砚"容貌"或亮丽优美，或典雅大气，
或清新悦目，大大提高了易砚的"颜值"。

5.韵

指易砚砚石"玉振金声"。易砚集"德才品
貌"于一身，你若用手指或木槌轻轻敲击，它还
会发出美妙的声音。这又是一大优点吧！一般砚
石声音清越、纯正、绵长，则砚石结构细腻紧密，
为上好砚石；反之，声音沉闷、沙哑、短促则砚
石结构松散，石质粗劣。

清计楠《端溪砚坑考》教人用轻敲砚石辨

"和和美美"砚

当代　玉黛石　长 26 厘米　宽 19 厘
米　高 6 厘米　易水砚有限公司供图

此砚为易水南岸西峪山老坑玉黛石质，
制砚师巧用天然水线纹，作为蚌壳上同心圆
的波纹，一圈套着一圈，水线纹在阳光的照
耀下，闪烁着墨绿色的光泽。硬壳紧闭，壳
顶宽大，高高隆起，令人仿佛看到蚌里硕大
珍珠，光滑圆润。寓意和和美美，是康寿和
财富的象征。

"锦绣前程"砚

当代 玉黛石 直径22厘米 高7厘米 易水砚有限公司供图

此砚砚盖以浅浮精雕牡丹、锦鸡，牡丹开合有致，雍容华贵，枝叶交错，蓊郁繁华。锦鸡飞舞，翅动祥云，似翘首赏花。富贵高洁之花与吉祥和美之鸟相映成趣，意趣盎然。

其声响的方法鉴别石质："石之嫩者，其声清远。嫩如泥者，其声静穆。"因为端砚的硬度低，在摩斯硬度计的2.8~3.5度间，所以敲击声如"木"。而易砚硬度在摩斯硬度计的3~4度间，稍高于端砚，若轻轻敲击，发出的声音犹如玉石震颤，清越脆亮，颇有金属之余韵，清脆悦耳，悠扬绵长，古人谓之钟磬之声。人们从其"玉振金声"之中，既可辨别易砚品质的异同，也可以判别砚石出自何处坑口或所选石材为石体深度的哪一部分。

另外，易砚着水磨墨，砚墨相恋不舍，只见生墨之细，不闻研磨之声。这正是易砚石材的内涵所在。《易州志》记载的"石质不亚端溪""砚石有紫、绿、白诸色，质细而硬，为砚颇佳"真乃言之有据。现代著名学者，中国文房四宝协会会长郭海棠曾亲临易县考察易砚，鉴证易砚石质"果然不亚于端砚石料，所制易砚华夏一流"。

以上从"德才品貌韵"五

方面为大家阐释了易砚砚石品质之优异，不论玉黛石还是紫翠石，无论从实用或观赏角度都能令您爱不释手，视如珍宝。

从实用角度而言，易砚主要矿物质含量和次要矿物质含量比例适中，温润度和硬度适宜；再者，主要矿物质的特殊层状结构及排列组合和次要矿物质的均匀分布，使得易砚比其他名砚的饱和吸水率低，也使得易砚贮水性能优异，研磨效果极佳。因而易砚石质有细如润玉、质刚而柔、硬度适中、湿嫩而滑、贮水不渗、发墨益毫、宜书宜画等优点，为北方不可多得的制砚佳材。

从观赏角度而言，玉黛石黑中带绿，水线纹规则清晰，黄膘或绿膘以俏色点缀，加之珍贵的天然石胆，使玉黛石成为砚石材中的佼佼者；紫翠石有天然石眼，灰白色，多者数百颗，更有稀缺之石料眼中有眼，即"活眼"，睛明瞳晰，尽显紫翠石之高贵而神秘。

老坑 2 远眺

图为玉黛石产地西峪山老坑 2 远景。西峪山位于易县、满城、徐水三县交界处，若从平原地带的徐水、满城远眺则是海拔近千米的高山陡峭之景；易县属于山区，站在易县大地远眺西峪山，则其海拔不太高。西峪山可供人们上山采挖砚石料，因此说西峪山是易县人民的"福山"。千百年来，它奉献着"腹"中之宝，滋养着易砚文化。

总之，易砚石材品类之多，石质之优，石品之丰，在中国砚石材大观园中出类拔萃，耀眼璀璨。

（六）绿色环保

易砚石材取自地表不太深的地方，其他岩石的风化产物和一些火山喷发

"渔舟唱晚"砚

当代　玉黛石　长40厘米　宽20厘米　高12厘米　易水砚有限公司供图

此砚以玉黛石圆雕一伐舟的渔翁，其行舟激流之间，却头戴斗笠身披蓑衣，气定神闲，悠然而歌。具有浓郁的江南水乡气息。

"海天旭日"砚

当代　玉黛石　长33厘米　宽22厘米　高4厘米　易水砚有限公司供图

美丽的水线纹伴石而生，天生丽质。以天然俏色作天水一线：海日初上恰五更，海浪腾空庆黎明，极目远眺海穷处，旭日喷薄耀天空。匠心独具，大气典雅。

物经过水流或冰川的搬运、沉积、成岩作用形成的岩石，主要矿物成分有高岭石、蒙脱石、水云母等黏土矿物，次要成分有石英、长石和云母等碎屑矿物以及铁、铝、锰的氧化物与氢氧化物等自生矿物。

其在科学定义上被国家地质矿产部河北综合岩矿测试中心鉴定为水成岩。矿物颗粒为微细粒级，经放射卫生防护监测，符合国家《天然石材产品放射性防护分类控制标准》。易砚石料无毒、无味，不含任何放射性元素，绿色环保，可用于观赏和收藏。

（七）保护得力

过去易砚人不懂得砚石资源是不可再生资源，也就不懂得对其进行保护，今天则加大了保护力度。首先是易砚文化研究会在行业内注重保护。在易砚生产过程中，注意做到生产中保护：采用新技术、新方法、新工艺、新设备，推动易砚雕刻企业在优化砚石材设计、切割、打磨、抛光等工艺方面采取一系列新措施，借鉴外国石材工业产品质量和工艺控制策略，采取坚决措施提高边角料的利用率，来控制生产过程中所造成的不必要的原料浪费。

鼓励发展新型的被公认为二十一世纪的绿色砚石材系列工艺品。其次是政府重视对矿产资源的保护。

第四章 〇

易砚砚石的矿坑分布及其特点

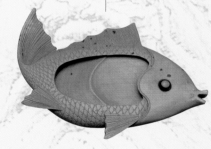

"日月同辉"砚

当代　玉黛石　长19厘米　宽15厘米　高3厘米　易水砚有限公司供图

天空祥云悠悠，海上湖波平静，砚堂正中绿色圆形石晕形如东海初升旭日，右上角砚池中绿色石晕宛如清晨当空之月。旭日已东升，晨月恋苍穹，日月兮同辉，富贵兮相逢。

狼牙山地貌

狼牙山由五坨三十六峰组成，主峰莲花峰海拔1105米，西、北两面峭壁千仞，东、南两面略为低缓，各有一条羊肠小道通往主峰。登高远眺，可见千峰万岭如大海中的波涛，起伏跌宕。近望西侧，石林耸立，自然天成，大小莲花峰如出水芙蓉，傲然怒放，涧峡云雾缥缈，神奇莫测。

狼牙山以八路军五勇士浴血抗击日寇舍身跳崖而闻名于世。

按地质学说，易县位于新华夏系华北平原凹陷带与太行山脉隆起带分界部位，西北境为太行山隆起带与天山纬向构造的燕山沉降带交汇处。易县从地形地势来看，介于平原和山地之间，有平原、丘陵和山地，地貌比较复杂，以丘陵和山地为主。其矿产资源，全县已探明的金属和非金属矿物达39种，可以用"七石一砂"来概括，即金矿石、花岗岩、铁矿石、白云石、石灰石、蛭石、大理石和建筑砂储量最为丰富，可见易县的石头绝对是主角。其中，易县天然石板储量丰富，是亚洲最大的生产、出口基地，尤其是文化石（板岩）资源丰富，中国的文化石占亚洲文化石的80%，而易县的文化石占中国文化石的80%。我们的文化石加工企业现在已经达到了500多家。因此，易县在2005年被中国石材协会命名为"中国石材之乡"。

一、易砚砚石的种类

易砚砚石是易县储量最为丰富的石种之一，也是本章主要阐述的内容。据史料记载，唐代易州奚超父子到终南山津水峪取易水制墨，发现终南山一带石头有斑纹奇彩，细腻如玉，刚柔兼

并，遂采易砚砚石，种类以紫翠石和玉黛石为主，兼有氟石、邵石、青玉石和海藻石。

易砚久负盛名的制砚石料是紫翠石，简称紫石。该矿石主要分布于尉都乡台坛村黄龙岗及周围，储量较丰富。紫翠石上往往分布着白色、黄色等颜色的斑点，称石眼。石眼中间有另一种规则清晰的斑点为眼中眼，称"活眼"。边缘朦胧模糊、形状不规则的斑纹称"石晕"。制砚师往往巧用砚石上天然石眼、石晕设计制作出多种极具观赏性的佳砚。易砚紫翠石紫色衬托艳若明霞的胭脂晕，似雨后乍晴蔚蓝无边。其质地细若润玉，湿嫩而滑，所制砚品叩之无声，贮水不渗，易发墨而不损毫，而且书写笔迹边缘色淡，略显金黄。故明清皇帝均用易县紫翠石砚磨墨，书写诏书，乾隆皇帝还用五十方易州紫翠石砚作为奖品赏赐左右亲近大臣。

易砚中另一种制砚石料叫玉黛石，有绿色、灰色、白色等颜色，为水平均匀层状分布结构的页岩，矿石产于易县、满城与徐水交界处的西峪山，玉黛石上往往分布着白色、黄色、碧色等颜色的线条，称为"水线纹"；有的色如鸭蛋清的圆点，称为"石胆"；还有片状、云状等不规则的斑纹，称为"彩"。制砚师通常利用玉黛石层理清晰和色彩丰富的特点，设计制作出内涵丰富、表现力很强的精品砚。新近开发的易砚延伸产品——巨型茶海，多为玉黛石质。

易砚石材除以上两种主要石材外，

"饕餮"砚

当代　玉黛石　直径27厘米　高8厘米　易水砚有限公司供图

圆形仿古，妙用石品，俏其水线，砚堂无数同心圆，似层层涟漪，荡漾开去；砚周精雕龙纹，三只饕餮，神秘威武。饕餮和龙，古代之神兽，常纹饰于青铜，最具盛名，饱含祖先智慧和民族底蕴，赐人平安，予人护佑，吉利祥瑞，圆融至善。

"金玉满堂"砚

当代　青玉石　长33厘米　宽22厘米　高4厘米　易水砚有限公司供图

青绿色砚堂，浅绿色荷叶，橙红色金鱼，明暗渐变，色彩丰富，有清雅的荷叶，细长的兰草，鼓鼓的莲蓬，圆圆的蜗牛，还有那尾金鱼短肥的身子、鼓鼓的眼睛、剪刀似的尾巴，扭动吃力的样子，煞是可爱。

"海天旭日"砚

当代 氟石 长25厘米 宽15厘米 高3厘米 易水砚有限公司供图

巧用天然灰绿，精雕沧海浩瀚，波涛汹涌，海浪翻卷，浪花堆雪，漩涡疾转，堂如皓月，跃出海面，清辉纯净，月华光满，空中？水中？如梦如幻。

"鱼跃龙门"砚

当代 邵石 长28厘米 宽16厘米 高3厘米 易水砚有限公司供图

此砚形制为鱼，体形肥硕，鱼眼凸起，张口摆尾，鳞翅工细，星星黑纹，点缀美丽。腹开堂池，温润如玉，鱼跃龙门，吉祥如意。

还有几种过去或现今也很受顾客欢迎的石材：

氟石，在易县东南部西峪山上玉黛石现代坑口中，有一个坑口产绿色石料，料上表面纹理漂亮，如水波，似山峰。质地柔而不软，下墨、发墨都非常好，贮墨不渗。应为玉黛石的一种，玉黛石位于上、中层，氟石位于最下层的深层部分，为水平均匀层状分布结构的水成岩，地下水常年浸润，温润有光泽，颜色为嫩灰绿色，摩斯硬度为4度，同玉黛石硬度相当。其主要成分是氟化钙（CaF_2），含杂质较多；再加上产量极少，不便于开采，前辈曾用之作为制砚石材，现今有人很少选用它来制作砚台。

邵石即东邵石，产于易县东南部的凌云册乡东邵村一带，属于水成岩，颜色为墨绿色，稍硬于紫翠石。大自然有很多奥秘，有很多令人称奇的地方，东邵石产在离紫翠石产区东北5公里的东邵山上，在南易水河北岸。神奇的是两个产地距离不远，所产石料质地相似，但颜色有很大差别，紫翠石是猪肝颜色的砚石上点缀着白灰色石眼和灰绿色石眼；而东邵灰石则是青灰砚石上点缀绿眼。

东邵石有东邵灰石和东邵绿石两种。

1. 易水东邵灰石

颜色青灰，多绿眼，质地细腻，下墨最快，发墨细腻，表面有丝状反光，手感细腻，石质较软，易磨及易加工。因此应谨防暴晒，防止风化。

2．易水东邵绿石一般产在接近山顶处，石体有厚厚的绿层，厚度约有0.5米，采集起来比较困难，石质硬度较高，石料不易成型，加工起来很浪费石料，但东邵绿石下墨、发墨如东邵灰石，可以说是下墨如飞。因石料表面有丝状纹理，上面多有鱼子状墨点点缀，石筋也增加了东邵绿石的观赏性。因石质含铁，在雕琢砚台过程中会出现软硬不均的现象，雕琢起来增加了做砚的难度，故今天制砚者一般情况下很少将其作为砚石料选用。

青玉石是近年来新开发的一种砚石材，属沉积岩，摩斯硬度在4~5度，颜色鲜艳且多彩，淡青色中有白色、淡黄色、浅绿色，石质温润细腻，有轻微的透光性，打磨好后给人润泽亮丽、自然通透之感，远望去就是一件难得的玉雕作品。因此人们给这种石材取了一个美丽的名字——青玉石。因其石质稍硬，一般用来做茶海和鱼缸。

海藻石为含有少量细砂的泥板岩，层次性强，颜色为黑灰色，因上面布满了天然的色彩鲜艳、花样丰富的海藻状花样，故名海藻石。六七十年代，老百姓用它代替瓦做盖房的石板，现在多用它来做文化石，根据顾客需要加工成各种型号的石板。只有一小部分花样精美的石材用来做砚台和茶海。

"浴牛"砚

当代　青玉石　长40厘米　宽32厘米　高4厘米　易水砚有限公司供图

石色乳白，温润如玉。取材于十大传世名画《五牛图》，堂中五牛各具情状，身形逼肖，似静卧池中沐浴，畅谈晴天丽日之享受，神气磊落，安静祥和。

海藻石

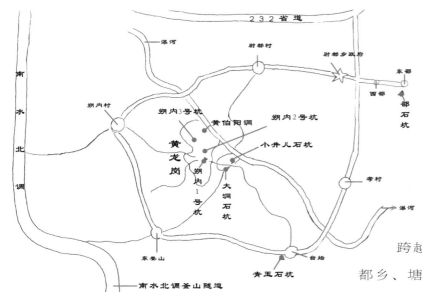

大致了解了以上易砚石材种类，会有助于我们了解以下各种砚石的新老坑口分布及特点。

二、易砚砚石坑口分布

易砚砚石矿带位于易县南易水南岸狼牙山山脉，跨越易县狼牙山镇、山北镇、尉都乡、塘湖镇，满城县神星镇东峪，徐水县西峪三个县六个乡镇。矿带东西长约20公里，南北长约10公里，自北向南依次分布着紫翠石、青玉石、海藻石、邵石、玉黛石等易砚石材。

易砚矿藏资源集中，坑口也比较集中。从矿藏的地理位置来看，尉都乡和塘湖镇地貌属于半丘陵半山地，易砚石材坑口多位于易水南岸的山顶或半山腰。易砚主要石材紫翠石产于尉都乡台坛村黄龙岗，此地因地貌属于丘陵，地面由黄土覆盖，地势连绵起伏，蜿蜒曲折，远望去犹如数条盘曲静卧的黄龙，故得名黄龙岗。矿带长约4.1公里，宽约0.8公里。矿区面

黄龙岗砚石矿示意图

图中黄龙岗紫翠石新老坑口云集一处，小井儿石坑口和大洞石坑口因接近平地而砚石质润性坚，故应属老坑。其他坑口位于地势较高的丘陵地带，则属现代坑口。

黄龙岗

位于尉都乡西南，台坛、孝村、东娄山、朔内村等分布于其周围。黄龙岗紫翠石砚石材历史悠久，著名的百林寺就建在黄龙岗小井儿石坑口附近，传因得道高僧常被官室召去参加庆典与祭祀活动，易砚遂一跃而成为皇室贡品。又传李白途经此地，放眼盘曲静卧的无数条"黄龙"，再看看手中好友相赠的易砚，诗兴大发，吟出："一方在手转乾坤，清风紫毫酒千樽；醉卧黄龙不知返，举杯当谢易水人。"

积约为 3.28 平方公里，预测资源量为 3990 万立方米，其中黄伯阳洞是过去开采的主要坑口，在黄伯阳洞附近开挖了新坑口；其中丘陵、平地坑矿区面积为 1.189 平方公里，预测砚石材资源量为 316.56 万立方米。由于黄龙岗矿带属于丘陵地带，海拔并不是很高，因而无论是已废弃的黄伯阳洞还是正在开挖的新老坑口都易于开采和运输。另一种砚石石材玉黛石产于易县塘湖镇易水南岸西峪山上，矿区面积为 2.15 平方公里，预测资源量为 2950 万立方米。其中韩湘子洞，因采挖时间久，洞又幽长，洞内多处坍塌，已废置不用；如今人们多在西峪山的阳面开挖新洞口来采挖石料，且采用现代化机械操作。

黄龙岗之黄伯阳洞

易水南岸黄伯阳洞，为黄龙岗紫翠石老坑，因上千年的采挖，洞又幽长，且子洞多，光线幽暗，不宜采挖而被废弃。

三、易砚砚石主要坑口

易砚石材储量曾经也算丰富，千百年来采挖不竭，因处于由东部平原向山地过渡的丘陵地带，人们采挖相对比较方便，故坑口较多。每种砚石材的坑口相对集中是易砚石材的一大特点。过去人们推崇的老坑共有两个，一个是易水南岸西峪山盛产玉黛石的韩湘子洞；一个是黄龙岗盛产紫翠石的黄伯阳洞。两个老坑的砚石在易砚石材中，最突出的特点是肤肌厚实，膘色金黄，质地温润，色泽纯正，丰富的石品构成天然奇幻的美丽图案，品级最高，制作的易砚也最名贵。由于长年采挖，洞深且暗，人工不便操作，再加上出于对老坑周围生态环境的保护，现在已封坑禁止采挖。下面我们认识一下现在常用坑口：

西峪山之韩湘子洞

韩湘子洞为西峪山玉黛石老坑，因上千年的采挖，洞又幽长，且子洞多，光线幽暗，不宜采挖，故坑口被封存。

西峪山远眺

此图为西峪山老坑2近景图。站在西峪山上远眺：西面是巍峨壮观的狼牙山，两山东西对峙，中间是碧波微澜的龙门水库，面南远眺可见高楼林立的保定市；东面近观是砚乡台坛；北望则是连绵起伏的燕山山脉。

（一）西峪山玉黛石

1. 老坑2

易县塘湖镇南易水南岸的西峪山，海拔500多米，山下阳面距韩湘子洞北50米左右有一坑口即为玉黛石老坑2。韩湘子洞还未封口前，人们就已经在这里采挖"寻宝"了，因为这里的石材的品质不亚于韩湘子洞石材的品质，黑绿层次分明，色彩鲜艳，多为薄板。加上石材体积小，利用率高，成品率亦高。但老坑2地处山腰之上，洞口面积小，洞体窄而长，当时开挖工具落后，只有凿子、锤子等，开采困难，加之接近山尖，地势陡峭，道路崎岖，交通不便，需要爬山，台坛等几个村的工匠们还要徒步十多公里到山上采石、运石，背挑肩扛，非常艰难。慢慢地老坑2

也像老坑1（韩湘子洞）一样"退居二线"了。

2. 西峪山现代坑口

当老坑2被废置后，现代坑口便在老坑西北侧"诞生"了！共有4个坑口，各相距大约50米。因这里距离"232"省道较近，尤其得益于近些年"村村通"工程的实施，乡村公路便利通行，运输不再是比采挖还艰难的问题。采石工匠云集这里，锤纤叮当，机器轰鸣，人车喧闹，为寂寞的西峪山增添了人气和生机。四个坑口石材各有特色。

坑1在老坑1西南方200米左右，以小型石材为主，对比老坑此坑石

西峪山现代坑口1

现代坑口1以小型石材为主，和老坑石材相比此坑石材颜色稍暗，适宜做各种小型实用砚。

材颜色稍暗，适于做小型实用砚。坑2在坑1南50米左右，地势高于坑1。其石材以厚重的方形或长方形为主，俗名"软包"，体积三四十厘米见方到八九十厘米不等，黑绿颜色层次分明；易于上锯，方便"立剖。"从雕刻角度而言，这样的大小和形状易于裁切和整形。整出的石砚砚形或方或圆，端庄大气，不缺棱少角，广受制砚者青睐，长期以来是砚台展厅中的主角。

坑3在坑2西侧50米左右，地势稍高，距离山顶较近，只需用镐头和铁锹除去表面浮层之后即可看到石料。这里石材体积虽大，但石层薄，常用工具大的如钢钎、撬棍、木杠等，小的如錾子、楔子、锤子等即可采挖。石材多为水线纹清晰的"黑板儿"，除做大中型砚台外，还适合做砚的延伸系列"茶海"、茶桌等。

坑4在坑3西北50米左右，坑口较开阔，由于常年水浸润着，石材石质温润，以大料居多，适合制作巨砚，近年巨砚石材几乎全部由坑4无私贡献，使得巨砚走向重点机关、大学、企业等

玉黛石坑口分布示意图

"双线"代表县级公路，"单线"代表乡间公路，"五角星"代表西峪山峰顶军事雷达，"三角形"代表玉黛石坑口。由图可知：老坑1和2相距较远，因年久坑深早已废弃，现代坑口比较集中，位于"军用公路"附近，尤其坑4紧邻公路，地理位置优越，出产量亦可观。

西峪山现代坑口2

坑2在现代坑口1正南方50米左右，地势稍高，砚石以厚墩子为主，方墩常用来做有厚重感的"饕餮盛砚""饕餮纹水渠砚""北魏石砚"等，长方形的适合做书简、书魂、墨缘砚等。

大型公共场所，成为砚界新宠。而且坑4紧邻"军用公路"，运输方便，实现了现代化采挖。因此人们放弃了原来自东向西需慢慢爬坡的羊肠小道，转而绕过山峰从山的西面借助新农村"村村通"乡间公路自西而东进发，运输工具也由原来的小推车或三轮车一跃而为卡车。即便如此，由于西峪山海拔高，山势陡峭，运输危险系数依然很大，加之路途遥远，有时一天回不来还得在山上过夜，因而石材成本大大增加，其稀缺性、可贵性尽显。

西峪山现代坑口3

坑3石材以大块儿薄板为特点，适宜做大中型砚和茶海。

沿着坑口4旁边的公路向上走500米左右就到达了山顶，据当地采石工人说，山顶的石材质地最佳，质地、颜色、石胆等方面均优于其他坑口石材，但是山顶上建有雷达监测站，为军事重地，不可靠近一步，人们只能望"石"兴叹。

这里的玉黛石砚石材虽然因坑口位置不同而各异，但也有其共性：硬度随着洞坑深度的增加而稍稍增加，颜色也随着洞坑深度的增加呈渐变趋势，由浅灰绿色逐渐变为深灰绿、黛灰色，厚

西峪山现代坑口4

坑4以大料居多，石质温润，常用来做巨砚。

度也随之增加，质地愈加温润，层次清晰，有白色或黄色水线纹。

几十年来，采石工匠在洞里采挖不止，一块块砚石材源源不断地从这里运出，一方方玉黛石精品砚从雕刻师手中走向全国，走向世界。

（二）黄龙岗紫翠石

1. 台坛大洞石坑

易水南岸的易县尉都乡台坛村，是一个美丽的小山村，一个远近闻名的富裕村。就在村西约0.5公里处，有一大片丘陵，其间堆积着无数个小山包，上百个小坑口连成一片，远望去犹如无数个小火山口。原来这就是砚乡人采石之地，即是大洞石坑口，俗称老坑。

大洞石坑口，位于锁内坑东边300米处，由无数个小坑口相连，大约长500多米，宽200多米。这里的紫翠石体积多属中小型，黄膘鲜艳，

大洞石坑砚石

台坛村

台坛村隶属于尉都乡，全村四百多户，近两千人，基本上都从事砚雕行业，砚文化产业作为经济支柱，是远近闻名的富裕村。

摄影　于正万

硬度适中，多石眼，石质均匀，发墨利毫，被奉为上品。土层下即是，易于采挖，过去家庭妇女只要扛上一把镐头，背上一个背筐就行，一会儿就背回两块。就是今天也可完全靠手工，但现在不用背扛，用三轮车运输，省时省力，方便快捷。

小井儿石坑

2. 台坛小井儿石坑

在大洞石坑口区域内东北侧，地势平缓，有一特别坑口，除和大洞石坑砚石材有着石质均匀、发墨利毫的相同特点外，值得一提的是：石材巨大，和地面成80度角，长年水浸润着，色泽鲜艳，质地稍硬，几百年不风化，如清西陵嘉庆昌陵大殿内的紫翠石地面，百年过去，紫翠石依然坚硬温润，石晕紫花依然光亮耀眼。

朔内1号坑

3. 朔内 1 号坑

位于易县尉都乡朔内村西的黄龙岗上，在老坑黄伯阳洞的西南方向，距其0.5公里左右，圆形，矿坑直径约60米，比较开阔、浅显。因为这里是介于丘陵和平地的过渡带，所以挖去地表土层就见砚石，砚石开采方便，硬度适中，肤肌厚实，多为中小型石材，有石眼，比较稀少。

朔内 2 号坑

4. 朔内 2 号坑

在1号坑东北50米处，位于黄龙岗最高山顶上，圆形，坑口直径约30米，小而深。这里岩石裸露，扒开山皮第一层，去掉第二层、第三层便是最理想的紫翠石材，和1号坑比较，此处石材多为大型砚石材，岩石与地面基本上垂直，矿层较厚，坑深水多，需大型抽水机每天往外抽水，石质较好，质地温润细腻，为较深的猪肝色，

朔内 3 号坑

有石眼，适宜制作巨型砚雕作品。

5. 朔内 3 号坑

位于 2 号坑西北 50 米、黄伯阳洞西南 60 米处，椭圆形，南北长约 50 米，东西宽约 20 米。与 2 号坑相比，此坑石材特点大小为中型和大型，色深紫，多石眼，有的石材上石眼密布，多用来制作神龙与群星题材的砚台，所制砚雕灿若群星，极具收藏价值。

除以上介绍的集中采挖的坑口外，在黄龙岗上还有许多无名小坑，人们随时随意采挖，石材大小不等，形状不一，为雕刻小型实用砚或随形砚提供了便利条件。

（三）其他坑口

青玉石坑口

青玉石产自尉都乡中南部，以其质地通透如玉、色彩丰富艳丽著称。青玉石坑口一般在丘陵地带，地面下十五六米处可见石材，曲线纹路似水冲痕迹。

1. 氟石坑口

氟石为玉黛石的一种，产于塘湖镇南易水南岸的西峪山上。氟石产于玉黛石坑口，玉黛石位于上、中层，氟石位于最下层的深层部分，完全被水浸泡着，开采过程中边抽水边起石。它同玉黛石的区别为：玉黛石颜色黑绿分层，氟石颜色嫩灰绿色；硬度比玉黛石稍硬些。

2. 青玉石坑口

青玉石产于易县尉都乡中南部，在丘陵地带地下层，一般在地面下十五六米处可见，有水冲痕迹，石材被切开后有自然的曲线纹路，颜色有黄色、绿色、白色和青玉色，以色彩鲜艳取胜。现为新开发的易砚第三大石材，是做茶海的好石料，少量也用来做砚台。

3. 邵石坑口

邵石产于易县东南部的凌云册乡东邵村一带，属于水成岩，颜色为墨绿色或暗灰色，硬度稍硬于紫翠石，因石质含铁，在雕琢砚台过程中会出现软硬不均的现象，雕琢起来稍有难度，故现在砚雕者一般很少选用邵石石材做砚台。

4. 海藻石坑口

海藻石产于易县西南部，地跨西山北和塘湖两个乡镇，西山北乡几乎村村产石板，几乎家家做石板生意。这一带所产的海藻石因表面带有一层土黄色，俗称"锈板"，以小型为主。塘湖镇南水北调工程西侧的孔山村至白岭村一带，所产海藻石表面海藻花纹清晰，而且颜色鲜艳，石材以中型为主，除可做装饰用的石版画外，还可制

邵石坑口

成片采挖的海藻石

狼牙山脚下自西向东横跨西山北、塘湖两个乡镇的一条山脉，盛产板岩，其中，西山北乡所产大部分板岩上有一层锈色，当地人俗称"锈板"。而塘湖镇所产板材有天然海藻纹饰，人称海藻石。今天色彩丰富、质地优异的海藻石多产自塘湖镇西峪山南面的一个坑口。

"北岭长城"砚

当代 玉黛石 长 55 厘米 宽 37 厘米 高 7 厘米 崔小超制

此砚取玉黛石老料，有极为可贵的自然石皮，巧用其石自然错落有致的形态雕刻成山峰，峰顶雕刻雄伟壮观的长城，砚堂正中为太阳墨池，大气实用。朝阳照耀下的长城内外为一片繁盛、祥和之景象！

精美绝伦的海藻石

作茶海。

以上氟石、邵石、青玉石、海藻石等均属于天然板岩。由于天然板岩是岩浆岩沉积而成，和砚石一样均属于水成岩，没有对人体有害的放射性元素，更因其装饰典雅、古朴，又能彰显时尚、高贵的效果，故易砚人在制砚的基础上除将其作为少量砚台石材外，主要用其制作大量茶海、茶桌、鱼缸、摆件儿、石版画等，更重要的是以此开发出文化石，使其成为当今最流行的绿色建材、装饰产品。无论是哪种石材，其特有的天然纹理和色彩等原石的自然风貌特征都得以保持。人们在艺术的天地尽情放纵思维的野马纵横驰骋，将各类石材质感的内涵与创作的艺术性完美结合，不仅展现了大自然的文化底蕴，而且使人们回归自然的愿望在居室环境内得以实现，故易县文化石深得用户青睐。

第五章

易砚砚石的石色、石品纹

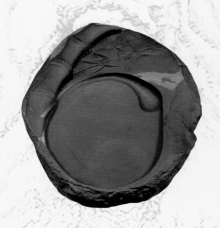

"桃源仙境"砚

当代　玉黛石　长23厘米　宽14.5
厘米　高3.5厘米　马巨才制

双体砚，砚沿微起，流线滑润，堂如一
轮东升旭日，池似玄月，砚盖俏其色泽，精
雕"黄山云海"，山峦锁雾，苍松迎客，茫
茫云海，时隐时现，蓬莱仙境，迷离扑朔。

"清西陵"砚

当代　玉黛石　长26厘米　宽16厘
米　高4厘米　崔爱龙制　河北易水砚有限
公司供图

平雕清西陵圣德神功碑楼，阴阳合会，
乾坤聚秀，开疆拓土，功刻碑楼。

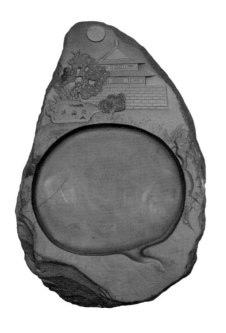

"石品"是指砚石材的颜色和石体上天然形
成的各种彩色斑纹、肌理等，包括石质砚材
的石色及石品纹等，是人们通过观赏石
砚整体而获得的较完整的视觉效果。因
为每种砚石均有不同的石品特征，可从
色彩、纹路、形象等明显特征来辨识。

色彩可辨石，如紫色为端石，黑色为歙石，
绿色为洮石，霞色红为红丝石，易砚中墨色的为
玉黛石，紫褐色的为紫翠石，等等；纹理可辨石，
如端砚的金银线、冰纹，歙砚的罗纹、眉子，易
砚玉黛石的水线纹等；形象可辨石，如金星、银星、
黄龙、彩带，玉黛石石胆、紫翠石石眼等。名目
繁多，不胜枚举。

易砚为传统名砚之一，除了巧夺天工的雕刻
工艺外，还有其天赋的精妙的石品特质：色彩丰
富鲜明，沉稳持重；抚之细腻柔润，鲜嫩光滑；
哈之触气而润，似可磨墨；敲之如磬，其声帕然。

上佳品质，宫廷贡品，尽
显尊贵。

谈及石品，人们很容
易将石品和石品纹混淆，
其实它们是两个不同的概
念，后者从属于前者，石
品包括石品纹（石眼、石
胆）、石色 等。

一、石色

石色是指砚石的基本

色调，是构成砚石主要矿物质的总体颜色，砚石之所以呈现不同颜色，是因为构成砚石中矿物质的天然结晶体不同，其含量、粒径、硬度、干湿度及其多少、大小、高低以及连接方式等因素决定着砚石的颜色。

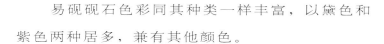

易砚砚石色彩同其种类一样丰富，以黛色和紫色两种居多，兼有其他颜色。

（一）黛色

黛色即青黑色，恰如仕女眉黛色，于是某种砚石便有了个美丽的名字——玉黛石，古代主要采砚石于韩湘子洞，今多采于狼牙山系西峪山老坑，一般此类石材的硬度、温润度、紧密度均适中，浑黑沉凝适于做砚。

（二）紫色

某砚石通体为紫色，紫得纯正，紫得沉凝，人们便赠予她一个响亮的名字——紫翠石。古代多出于老坑黄伯阳洞，今天多采石于大洞石坑和朔内 1 号坑。紫翠石虽不像贵州梵净山所产紫袍玉带石那样鲜艳多彩，但紫中带微褐，尽显古朴厚重，沉稳大气，高贵吉祥；加之黄色或白色石眼点缀，古朴中不乏前卫时尚，沉稳中不乏活跃俏丽，高贵中不乏优雅浪漫，既丰富了人们视觉享受的美感，又增加了观赏收藏的热度。

"赤壁泛舟"砚

当代　青玉石　长 36 厘米　宽 23 厘米　高 4 厘米　河北易水砚有限公司供图

巧雕老皮为赤壁，一尾小舟湖中悠然，船头高士拢袖观景，犹忆当年赤壁鏖战急，夜空数竿翠竹送凉意，与赤壁形成鲜明对比。意境深邃，气势磅礴。

"节节高升"砚

当代　玉黛石　长 18 厘米　宽 13 厘米　高 4 厘米　河北易水砚有限公司供图

随形，砚额处雕一段竹节，粗壮有力，坚韧不拔；一竿细竹躬身俯首任由喜鹊荡游嬉戏。粗细对比，动静相称，简约雅致，饶富韵味。

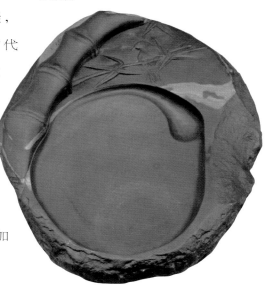

淌池砚

当代 双色玉黛石 长17厘米 宽11厘米 高2.5厘米 右文堂制

形制长方，开长方形砚堂，凹处为砚池，黑绿双色，波形水线似大海潮汐，向岸边涌来。精雕细琢，端庄大方。

"寿桃"砚

当代 青玉石 长46厘米 宽30厘米 高5厘米 河北易水砚有限公司供图

砚身由大小两个寿桃构成，左侧为一小型桃砚，右侧大寿桃上开砚堂，四周深奥处开砚池，形成桃中有桃之势，妙用老皮巧雕一蝙蝠轻飞其上，鲜艳夺目，砚唇由舒展厚实的桃叶和小桃相托，使砚身左右对称，不偏不倚。碧桃光亮，桃叶清新。寓意祝寿纳福，福寿两全，事事如意，幸福绵延。

（三）青玉色

青玉色为青玉石之色。青玉色近于青灰色或浅黄色，灰中带绿或黄中带白。梁朝陶弘景《名医别录》上说："空青生有铜处。"这话和近代学者认为石青是盐基性碳酸铜，化学分子式为 $Cu_3(OH)_2(CO_3)_2$，产于赤铜矿是相合的。此色视之有晶莹通透、温润如玉之感。

（四）绿色

绿色为氟石之色。砚石多出于狼牙山系西峪山老坑，坑口表层砚石黑绿分层，距离坑口越深绿色愈浓，至于水浸泡着的则通体墨绿，制砚师妙用绿色，或雕金蟾，或雕夏荷，或雕翠竹，或雕刻巍峨峻峭的山峰，或雕刻葱绿翁郁的林木。品玩案头摆设的一方《和谐（荷叶、螃蟹）砚》，犹如观赏田田荷叶之一片翠绿，养眼怡情，赏心悦目，心旷神怡。

（五）黄色

易砚石材的黄色主要来源于黄膘老皮，除此之外，青玉石中的特殊一族为黄色，纹路清晰，恰似木纹，俗称黄木纹石，开采过程中偶然而得，实乃可遇不可求。

（六）白色

白色在民族绘画中和大青、大绿一样，都被认为是"重色"，这是对淡色而言，这里的白色来自两种易砚砚石：一为青玉石，一为玉黛石。因为

玉黛石的次要矿物质成分颜色，即水线或石晕的颜色为白色，所以玉黛石颜色黑白相间，层次分明，或宽或窄，或明或暗，夺人眼球。

（七）锈色

锈色本是古钱币术语，指古钱表面着锈后呈现出的色泽。

易砚石色中的锈色是指海藻石中锈板的颜色，这种锈板石材主要成分中含有三氧化二铁（分子式为 Fe_2O_3），因此锈板的锈色或呈朱砂色，或呈古铜色，或呈砖红色，"锈板"便成了它的俗称。海藻石因硬度比普通砚石硬度稍低，故多作为茶海石材。

一般认为，石色紫黑沉凝的砚石硬度、温润度、致密度均较适中，叩之发泥木之声，故研磨性能最佳。而墨色砚石硬度稍高，颗粒细腻致密，叩之发清越之声，色泽鲜活明快，观赏价值极高。而黄色砚石表面结构不甚致密，过于润泽，硬度不高。正因为如此，有经验的制砚工匠和鉴赏家依据砚石的石色而能准确无误地区分同类砚石的优劣档次。显然，石砚的石色与石质之间有着某种必然联系，这是石品价值的所在。自然，不同类别的砚石或同一种类不同坑别的砚石石色，其差异也很大，依据石色判别砚石品质是一个具体的经验范畴，绝不能一概而论。

"琴囊"砚

当代　青玉石　长25厘米　宽15厘米　高3厘米　河北易水砚有限公司供图

囊开砚堂，水线规则，囚牛狂舞，琴弦飞歌。奏响神州琴韵，共唱盛世欢歌。

"太白醉酒"砚

当代　玉黛石　长35厘米　宽22厘米　高4厘米　河北易水砚有限公司供图

砚分青绿二层，质地细腻，构图随形而设，以浮雕、透雕等技法俏琢重峦叠嶂，古刹深藏，壁立千仞，苍松倒悬。月下太白和衣半卧，身边坛中酒溢。使人想起"花间一壶酒，独酌无相亲，举杯邀明月，对影成三人""天子呼来不上船""但愿长醉不复醒"的佳句，穿越时空，退想不已。

"松竹梅"砚

当代　玉黛石　长24厘米　宽18厘米　高3厘米　河北易水砚有限公司供图

砚堂广博，起绿色窄边砚沿，沉稳中不乏活泼之感。砚额处俏雕松竹梅"岁寒三友"：以象征君子坚强不屈、坚贞正直，具有民族气节，表现了人们对生命意义的感悟。

"双骏"砚

当代　玉黛石　长38厘米　宽28厘米　高6厘米　河北易水砚有限公司供图

形为长方，左侧砚堂水线在天然俏色映衬下如湖中涟漪，波心荡漾；右侧古树藤条垂挂，新叶吐发，树下双骏身形矫健，相互爱抚，悠闲自在，尽享"枫香晚花静，锦水南山影"之妙趣。

二、石品纹

石品纹也叫石品花纹，是指掺杂在砚石主要矿物质中且与主要石色有明显色差的其他矿物质集合体所呈现出来的纹路。

那么，它是怎样形成的呢？砚石是由各种矿物质融和、渗透、化合而成的，这个复杂而漫长的融和运动，不仅形成了由若干矿物质紧密结合的基本岩石，而且形成了既属于整体岩石的一部分，又相对独立于基本岩石的岩石局部。这些相对独立的矿物质集合体，在色泽、结构或物质性质等方面明显不同于基本岩石，这就形成了石品纹。石品纹在砚上呈现不同硬度、颜色和形状，通过石品纹我们可透视砚石的内在美，进而品评一方砚的优劣。

易砚石品纹一般是由绿色、白色、黄色、褐色等组成的各种图案，有的呈环状，或如卫星在浩渺宇宙绕地球运行的轨迹，或如砚池中一石激起的千层涟漪，缓缓荡漾开来；有的呈带状，或如瀑布飞流直下，或如仕宦博带飘逸；有的呈块状，或如祥云悠悠，或如丽人潭影；有的呈线状，似浩渺宇宙中耀眼的流星雨；有的呈点状，似漫天雪花飞舞，又如苍穹繁星闪烁。制砚师依据这些花纹大小、形状、颜色，分别用与自然界相似的物象名称来命名，

并巧妙地运用到砚雕艺术中，大大提升了砚的观赏价值。

下面依据易砚常见石品特征介绍几种主要的易砚石品花纹：

（一）水线纹

水线纹是玉黛石里面一条半透明的像筋一样或带子一样的纹路。它是玉黛石典型的石品纹。水线纹的形成与地质变化有关，应是沉积岩与自然界变质岩的综合作用的产物。沉积岩又名水成岩，是在水流搬运下，由泥沙、灰浆等物质沉积而成，随时间和气候的变化，沉积物的单层厚度、成分有了差异，年长日久，岩石上形成了层理分明的纹路，这样水线纹就形成了。

不论成因如何，水线纹的美丽无与伦比，易砚水线纹为玉黛石特征，形状或为线状，或为环状；或规则，或不规则；规则的或如无数同心圆，或如层层涟漪荡漾开去，美丽动人；不规则的则千姿百态，引人遐想。水线纹颜色多为绿色、白色或黄色，在黛青色的石料中间杂一层又一层的绿色、白色或黄色，为易砚平添优美华贵之感。石头本是静物，在静物表面能够形成各种环状流畅的水线纹，无疑又增加了动态的美感，为砚石平添了生命活力。制砚师依此特征在砚堂中将水线纹的韵味表现得淋漓尽致。

"马上封侯"砚

当代 玉黛石 长35厘米 宽20厘米 高4厘米 河北易水砚有限公司供图

砚开圆形砚堂，右侧精雕一道劲古松，繁茂葱郁，古朴多姿；枝杈上倒挂一蜂窝，松下一匹骏马驰奔，猴子倒立马上，喻"马上封侯"、功名指日可待之意。刀法细腻，造型准确，线条流畅，趣味盎然。

"知音"砚

当代 玉黛石 长45厘米 宽19厘米 高5厘米 马巨才作

传统古琴形砚式。利用玉黛石色彩纹理做琴弦，整体饱满圆润。

"笸箩"砚

当代　氟石　长18厘米　宽13厘米　高3厘米　马巨才供图

砚取农家笸箩，砚堂呈现涟漪，外沿竹篾圆润柔美；尤其砚背柳条光亮圆润，箍线力绷，勒痕凹陷，精密紧致。凹凸对比，亮暗比照，几可乱真。物件虽历经岁月洗礼，但依然淳朴可亲，透露着浓郁的生活气息。

"松鹤延年"砚

当代　玉黛石　长28厘米　宽18厘米　高4厘米　河北易水砚有限公司供图

砚堂舒博，环形水线，同心数圆，似秋水涟漪，波心荡漾；砚池深凹，旁刻葫芦，与砚盖之上道劲苍松、翩跹鹤舞构成一幅"福寿图"。笔力简洁，雕工精美。

（二）带状纹

带状纹是玉黛石重要的石品纹。它的形成和水线纹基本相同，只是间杂的矿物质不同而已，属水冲刷而成，表面大都相对平整，纹理线条流畅，有的带状纹或如瀑布于群山飞流直下，气势雄壮，景象恢宏。正如唐代诗人施肩吾在《瀑布》中描写的那样："豁开青冥巅，泻下万丈泉。如裁一条素，白日悬秋天。"或如仕宦博带飘逸，或如江河缓缓东流，或如缕缕白浪，波荡潮涌，颇具动感，具有很强的观赏价值。

（三）环状纹

环状纹有圆形或半圆形的，圆形环状纹或如椭圆形跑道，不禁让人回想起奥运会鸟巢跑道上各项竞技项目中奋力争先的情景和涌现的那些"飞人"形象；或如卫星在浩渺宇宙绕地球运行的轨迹，眼前立刻浮现神舟五号于2003年10月15日载着航天员杨利伟首次绕太空运行14圈，历时21小时23分并安全返回主着陆场的那一幕；或如砚池中一石激起的千层涟漪，缓缓荡漾开来；有的如玉环晶莹剔透，有的如玉盘、金盏闪闪。半圆形环状纹如池湖之波，令人心波荡漾。

（四）云纹

云纹由岩石中不同物质的层状构造经自然风化后形

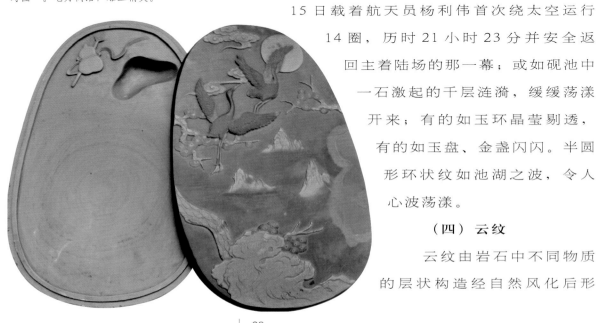

成，常呈现各种似深山绕雾状的景象。且云纹分层性较好，在地质构造变动过程中，表面薄层岩石受挤压而褶皱变形，呈现云层缎锦状的效果，颜色呈灰黄色或灰白色，脉络纹理凹凸参差，如行云流水。云状纹相对于条状纹而言呈块状，或如朝阳，晴天丽日，耀碧空万里；或如明月，高挂寒空，然而满即招损，缺于食月天狗；或如云朵，祥云悠悠，瑞气蔼蔼；或如毛绒公仔奇特又罕见，那是在凝碧得如深秋的寒潭之中，黑灰石晕相叠，水线环环相围，两个毛绒公仔一卧一坐，四目相对，欢心交谈。自然奇幻，令人叫绝。有的或成云层，或成水浪，或成壁画，色调逼真，造型古朴凝重，有些石上则有着明快的白色花纹，形似溪水瀑泉、涌浪雪沫，亦如一幅若隐若现的山水画卷。

"明月松间照"砚

当代　玉黛石　长32厘米　宽20厘米　高4厘米　河北易水砚有限公司供图

右开砚堂、砚池，石晕如山，水线似潮，云纹砚沿优美流畅，左侧沟谷纵横，崖壁如削，苍松伟岸，砚额山峰高耸，天梯架桥，明月高悬。动静相衬，意境优美。

"白菜"砚

当代　玉黛石　长34厘米　宽20厘米　高6厘米　河北易水砚有限公司供图

砚取白菜形，造型写实，菜叶层层紧抱，卷曲自然。在我国民间常以谐音取意，表达对美好生活的向往。此砚音谐"百财"，寄寓了人们对美好生活的憧憬。

（五）星星纹

易砚石材中无论玉黛石还是紫翠石，都可见星星纹，玉黛石黑地点缀着或白或灰或黄的星星，紫翠石点缀着同样的或白或灰或黄的星星。星星纹或如北斗七星，宋代诗人方岳曾这样描写北斗七星："庐山谁与主文盟，入得光芒北斗星"，如果有几颗大而亮的星星挂在夜空，仿佛是天上的人儿提着灯笼在巡视那浩瀚的太空；或如繁星闪烁，银闪闪的小星星一颗比一颗明亮，就像一个个小精灵，顽皮地眨着眼睛，仿佛用那明亮的

"明月松间照"砚

当代，青玉石　长 27 厘米　宽 19 厘米　高 3 厘米　河北易水砚有限公司供图

俏色精雕明月、坝桥、古松、人物等，取王维"明月松间照，清泉石上流"之意境，整个砚面尽显幽清、明净的自然美。

"喜上眉梢"砚

当代　青玉石　长 31 厘米　宽 30 厘米　高 3 厘米　河北易水砚有限公司供图

砚青黄双色取树桩形，砚堂、砚池深凹，砚侧梅干盘曲，梅花绽放，五福齐聚，鹊登梅枝，前来报喜。精雕细刻。

眸子讲述一个个美丽的童话。不管是光泽鲜艳的，还是光泽暗淡的，它们都把光泽挥洒给大地，有的呈点状，如雪花匀撒于石上，此情状似漫天雪花飞舞，清晰而不张扬。

（六）青玉纹

青玉纹是一种在易砚石材中具有天然浅灰、灰绿或黄色纹理的石品纹，此种砚石产于易县尉都乡台坛村，是存在于寒武纪地层中的属于海相沉积的富铁质白云岩，大约形成于 5.5 亿～5.8 亿年前。易砚青玉石或称黄木纹石在狼牙山脚下，为地下层矿藏，储量丰富，一般向地下深挖 20 多米方可得见石材，由水泡着，奶黄色，表面有水冲的高低不同的水渠纹，切开石头，石面有不同色彩的如玉般的透明色，白色、黄色、浅绿色、青灰色等，虽不均匀，但素雅温馨，华贵大气。敲击之下，声如钟磬，清脆悦耳。

（七）海藻纹

海藻纹石材产于易县山北乡一带，亿万年前这里是汪洋一片，海藻纹是海洋沉积物经地质年代复杂变化而形成的一种类似海藻状的石品纹。多由 4 亿年前的板岩变质而成，在远古时代的地质活动中，铁、锰的氧化物在地下水及温度和压力作用下，沿岩石的节理、裂隙及层理等空隙处渗透，历经长期沉淀结晶形成的板岩上的画面，多呈现松树形、柏枝形或树与草密集成群的图案。其由于形状很像树枝状植物化石，故有"假化石"之称。受沉淀物多寡的影响，其图案呈墨、红、黄、青、灰等多种色彩，犹如天然彩墨石画。海藻纹其实是一个外来的矿物在另一个矿物的表面上结晶而形成的一种分叉的树状图案。海藻石如果顺着一定的纹理剖开，分成两片的岩面上就会出现两种几乎完全相同的图案，该图状似树形、枝叶、密草、千姿百态，美如画卷，被当地人称为"龙骨画"。作观赏用的有呈板状、片状生长在一个层面上的海藻石，其具有立体感。石材表面有一层天然的似海藻、青苔、藻花、大树、枫叶、火山、灵芝、肺叶、猴子、福娃、渔船、虹鳟鱼、无边苇荡、茂密森林等形状的图案，颜色有黑、黄、紫、白色，一方方海藻石上绘着一幅幅山水风景画。

此类砚石材最早以实用为主，用来当作盖房的石板，为当地老百姓盖房的首选。随着时代的发展，海藻石使用价值大大提升，除主要作为建

海藻石画"水漫金山"

　　这幅海藻石画极似洪水裹挟着万物，怒吼着波涛，激浪飞雪，猛势暴涨，吞噬着一切。树梢摇曳，水漫山野。

海藻石画"圣塔佛光"

　　高山之巅，森林茂密，崖壁如削，圣塔巍峨。左侧高僧，一袭白衣，虔诚站立，双手合十，于深山大声念佛经。圣塔明亮耀佛光。

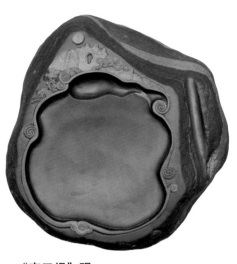

"南天门"砚

当代 玉黛石 长19厘米 宽19厘米 高5厘米 河北易水砚有限公司供图

砚取名景——南天门。狼牙山阴，中有天门，鬼斧神工。此砚砚额雕天门崖壁，与砚堂水波激滟作刚柔对比。俏色水纹，山水相依，颇具地方特色。

"怀素写蕉"摆件

当代 玉黛石 长41厘米 宽35厘米 高8厘米 河北易水砚有限公司供图

精于选材，因形施意，再现唐代草圣怀素的勤奋刻苦。人物造型生动写实，雕刻精湛。

筑的装饰板材外，多作为石版画以装饰家居，色彩丰富，气势雄伟，风光秀丽，千姿百态，具有无穷的艺术魅力和珍贵的收藏价值。近几年，聪慧的易砚人依据海藻纹特点开发出茶海，其优点是石材表面光滑柔润，抚之如抚婴儿肌肤；且各种形状的海藻纹"天然去雕饰"。今天被誉为"中国石材之乡"的易县，各种石材"百花齐放"，海藻石以其花纹的自然独特、俏丽绚烂装点了石材市场，其不仅时尚、实用，而且悦目赏心。无论作为天然石版画还是茶海，都是不可复制、再生的珍贵资源，因此，每一幅版画或每一方茶海上图案均为天然唯一，作品都是绝版，无论是艺术欣赏还是收藏馈赠都可。

（八）膘

膘即石皮，它牢牢地附着在砚石表层，其颜色、质地、硬度都与石料有显著的差别，一般来说，石膘的结构比石料松散，质地、硬度都不如石料致密坚硬。

为何差别如此之大？这是因为石膘与石料并不是同一地质年代形成的，石膘是夹杂在石料矿体中的侵入物体。根据地质学原理，主矿体在变质期间，受地壳的强烈运动影响，形成了许多垂直于沉积层的断裂缝隙，而岩浆在地壳深部的巨大压力下迅速地渗透，填充了这些缝隙，岩浆冷却后，就凝结成固体附着在矿体表层，这就形成了石膘。膘的矿物质成分与原矿体的截然不同，自然也不属于同一岩类。

　　膘的主要价值是增加砚石的纹理特性和观赏价值，它以其俏色、光泽与石料形成色泽上的鲜明对比。易砚石膘有的呈红色，有的近于锈色，但一般为黄色，故称其为黄膘。带有黄膘的砚极其珍贵，价格不菲，因为做砚时不常见，偶尔遇到黄色，实乃"可遇不可求"；不仅如此，让人更动心的就是它的色彩，那天安门城楼琉璃瓦般的色彩高贵、神秘、诱人，增加了砚的俏丽，大大提升了砚的观赏和收藏价值。

（九）石胆

　　石胆是易砚玉黛石所独有的特色石品纹，是指生成于眼层中的外形为圆形或椭圆形的构造体。岩石由于地质环境及各种外力的作用，经过海洋升沉、火山喷发、地质运动等并不断摩擦，最后剩下石芯，内部蕴含有金属，石体常常是一层石质一层硫化亚铁。硫化亚铁以致密层块状或颗粒状结晶形态存在，有的经河流水洗沙磨后硫化亚铁结晶显出本形，或部分硫化亚铁剥落后形成各种内涵深远的图案造型，绿色晕圈儿环绕着黑晕一环套一环，那形状、那颜色犹如淹久切开后的咸鸭蛋。有时，一块玉黛石中含有数量众多、大小不一

"桃花鲤鱼"砚

　　当代　玉黛石　长27厘米　宽20厘米　高3厘米　河北易水砚有限公司供图

　　砚作淌池，堂内石纹似湖中涟漪，美丽奇特，砚盖以俏色精雕鲤鱼、莲叶和山桃花，鲤鱼嬉戏水中，莲叶亲吻水面，山桃花垂下崖壁，倒映水中，好一幅清新艳丽的春景图。

"雏鸭戏水"摆件

　　当代　紫翠石　长25厘米　宽19厘米　高5厘米　马万福供图

　　此摆件妙用石眼，化眼成珠，光亮圆润，晶莹剔透，似摇动，又似漂浮滚动，小鸭初试浮水，小心谨慎，那圆圆的小眼睛，充满着机敏与警觉。构思简洁，妙趣横生。

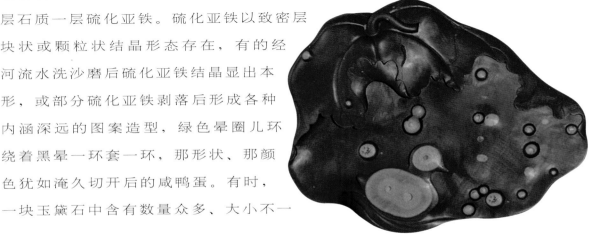

的石胆，似星云满天，因其富含多种金属矿物质，光晕莹莹，色差强烈，为形、质、色、韵俱佳的石胆，所制石砚也便成了易砚上乘之作，具有极高的观赏价值和收藏价值。

"戏珠"砚

当代　紫翠石　长42厘米　宽25厘米　高14厘米　河北易水砚有限公司供图

砚额祥云层层，石眼硕大，圆如明月；云中苍龙，昂首奋身，腾挪跳跃，搏浪戏珠。透雕精工，大气雄浑。

"掌上明珠"砚

当代　紫翠石　长12厘米　宽8厘米　高2.5厘米　马巨才制

砚背妙用石眼，精雕佛手，指肚丰腴，指尖纤细，十指相拢，护佑明珠。

（十）石眼

石眼是易砚紫翠石所拥有的石品纹，它是在砚石中天然生长的圆形石核，表现在砚石上则为形状如同眼睛的斑点："有瞳（中心有黑点）有晕（瞳外围有多层深色圆圈，一般为六至八层，多则十多层）是谓'石眼'。石眼之名以作青翠之绿色为贵，以晕多而圆正者为佳。"（《文房用品辞典》）据我们了解，在中国众多砚种中，有石眼的除广东的端砚外，四川的苴却砚、河南的黄石砚、宁夏的贺兰砚、北京的潭柘紫石砚也有漂亮的石眼。另外，山东的温石砚、红丝砚，吉林的松花石砚也发现了石眼，只是不多。但不管怎样，石眼不仅为砚雕者的创作提供了难得的素材和创作的想象空间，更为砚作增添了异彩。

石眼也是易砚砚石材中紫翠石的特色，紫翠石上往往分布着白色、灰色或者黄色的斑点，称石眼，质地高洁细润，晶莹有光，非常美妙。

1．石眼按其生长的位置来划分，有高眼、中眼和低眼。唐询《砚录》中这样定义："眼生墨池外者曰高眼。"又说："高眼尤尚，以不为墨淹，常可睹也。"由此可知，高眼主要指生长在"砚额""砚唇""砚沿"上的石眼。高眼利于艺术加工，便于鉴赏，可以起到点石为金的作用，至珍至贵。中眼，相对于"高眼"而言，石眼若生在砚池外且在砚堂内谓之"中眼"，《砚书》这样评价中眼："眼为石。"《砚史》亦称："砚心必不宜有眼。"由此可见，人们并不看好中眼，原因有三：一是中眼破坏了砚堂的纯净，给人以瑕疵之感；二是经久研磨，石眼必被磨损终至消失；三是若石眼凸出，有碍研磨。因而，制砚先辈们在斫砚过程中，一旦在砚堂部分遇到石眼，立刻便会产生没有遇到好石料之感。

然而，今天随着砚的实用功能退化，再加上液体墨汁广泛应用，中眼不会再像过去那样"饱受苦难"，反而成了易砚的珍贵点缀。中眼的出现不仅让制砚师喜出望外，而且符合广大顾客的审美需求，从而大大提升了易砚的观赏价值和收藏价值。

低眼是指生在砚池内的石眼，此类石眼在制砚过程中更不可预知，往往是在雕刻过程中突然出现，制砚师因形就势，巧妙启用，经过艺术加工，同样也能达到很好的艺术效果。

2. 依据对石眼的雕刻处理来划分，有凸眼、凹眼、平眼三种。凸眼是指高于砚石表面的石眼，为了削磨出石眼的中央心睛，需要用刀轻轻削减四周以将砚面降低，石眼便凸显出来，再继续修削成宝珠状，视觉效果将因此凸显，艺术

"日照福星"砚

　　当代　紫翠石　长 45 厘米　宽 33 厘米　高 5 厘米

　　圆形如盆，色深紫。盆内平滑处为砚堂，周围微凹处开砚池。砚堂内有三颗乳白色凸起的圆点，如盆内水中所养之宝石，富有情趣，给人以古朴雅洁之感。宜储墨，实用性较强。

"古盆"砚

　　当代　紫翠石　直径 29 厘米　高 6 厘米　河北易水砚有限公司供图

"鸟语花香"砚

当代　紫翠石　长37厘米　宽21厘米　高7厘米　河北易水砚有限公司供图

砚取树桩之形，妙作砚堂、砚池，老树发新枝，点点梅花迎春，小鸟鸣啼，又彰显出生机活力，盎然意趣。

"金龙护宝"砚

当代　紫翠石　长64厘米　宽40厘米　高9厘米　马万福供图

妙用天然石眼，化眼成星，似群星闪烁，祥云起伏翻卷，尽显天空深邃辽远，堂中石眼形似宝珠，硕大圆润，宝气夺目，金龙腾飞，奋身护宝，气贯长虹。

价值明显大增。凹眼相对于凸眼而言，是指低于其周围砚面的石眼。一般制砚师不做凹眼，其不仅费时费工，还没有其他眼的观赏价值高。但是，有时因构图需要或是色彩需要，或是整方砚只有独独一颗石眼，为增加美感，制砚师也会千方百计地做出凹眼。平眼即石眼跟周围砚面相平，依据雕刻题材和整体构图需要而定，无论做眼还是做太阳、月亮、星星等，都毫无做作之感。

无论制砚师将石眼进行哪种雕刻处理，都是艺术构思的需要，都将在作品中发挥其艺术价值，不仅会给商家带来经济价值，还必将给观赏者和收藏者带来艺术美感的享受。

3．依据石眼的鲜活程度分，有活眼、死眼、瞎眼。其中"活眼"指圆晕相重，中有深色之瞳，所谓"黄黑相间，翳睛在内，晶莹可爱，谓之活眼"（《中国文房四宝收藏指南》）。通俗解释即石眼中有另一种清晰而且规则的斑点为眼中眼，称之为活眼。清末潘次耕的《端石砚赋》更是生动地描述活眼："人唯至灵，乃生双瞳；石亦有眼，巧出天工。黑睛朗朗，碧晕重重；如珠剖蚌，如月丽空……或孤标而双影，或三五而横斜；象斗台之可贵，唯明莹而最佳。" 将活眼写得惟妙惟肖，淋漓尽致。姜书璞先生曾收藏"易州石（紫翠

石）独眼砚"，在《姜书璞制砚艺术》一书中赞美这方砚："清《砚小史》谓：'易石产易州（河北易县），色紫性不坚，时有绿点无瞳，能下墨。'该砚色紫如端石，左生一眼，眼中有瞳，在易石中极为少见。"此砚砚背镌文"独眼砚。独眼有视，示我所止。己卯，书璞"，纵横 17 厘米、厚 2 厘米。

此砚中的石眼既为"活眼"又为"高眼"，古人讲"眼贵有睛"，有睛则有神，有神则有灵，活眼之精妙就在于此，故珍贵。死眼即无睛、无瞳、无晕、无环之一者，《中国文房四宝收藏指南》指出：形体略具，内外皆白，殊无光彩者，谓之"死眼"。易砚紫翠石原本都有睛，有些石料由于开采破损、切割无意或雕刻不慎等，将石眼宝贵的睛、晕、环等破坏掉，便导致了死眼。

瞎眼是指无睛而有瞳、晕、环者。在易砚紫翠石中极为常见，其观赏价值和收藏价值仅次于活眼。实践证明：石质幼嫩则生眼，嫩则细润易于发墨、养墨、利毫，易砚紫翠石正是具备了这样的特点，才成为历史名砚石材。一方紫翠石砚台石眼数量多少不等，少者一颗，多者上百颗，石眼密密麻麻似满天星辰布满整个砚面，如《龙行天下群星璀璨图砚》，石眼密布，大小不等，各种石眼，种类齐全。此砚经制砚师采用阴雕、阳雕、平雕、立雕、浮雕、透雕等多种技法，

"独眼"砚

当代 紫翠石 长 17 厘米 宽 14 厘米 高 2 厘米 姜书璞收藏 河北易水砚有限公司供图

紫翠石质，随形。砚沿圆润流畅，砚堂左上角天然石眼如珠剖蚌，如月丽空，灵巧净洁，妙趣横生。砚背刻砚铭："独眼砚，独眼有视，示我所止。己卯，书璞。"篆隶两体，古雅舒展，蓝字红章，端庄鲜艳。

使得神龙于祥云起伏之中遨游吟啸，再妙用天然石眼于祥云之中雕撒漫天星辰，使得石眼灿若群星，华丽珍贵。隐喻中华民族的崛起和腾飞以及伟大祖国的繁荣和昌盛，为观赏和收藏之佳品。这类砚石材为易砚石材中不可多得者，其石眼更为其他砚石中所少见者（端砚、苴却砚除外）。

对于砚来说，无论哪一种砚石，石眼既具有欣赏价值又具有经济价值，更具有收藏价值，所以砚石贵有石眼。

"笸箩"砚

当代　紫翠石　长18厘米　宽13厘米　高3厘米　河北易水砚有限公司供图

制砚师精雕一农家笸箩：上开砚池，下布石眼。砚面布局简洁匀称，外沿竹篾圆润柔美，尤其砚背柳条光亮圆润，箍线力绷，勒痕凹陷，精密紧致。凹凸对比，亮暗比照，几可乱真。物件虽历经岁月洗礼，但依然淳朴可亲，透露着浓郁的生活气息。

"龙行天下群星璀璨图"砚

当代　紫翠石　长270厘米　宽160厘米　高50厘米　河北易水砚有限公司供图

石眼淡黄蕴青绿，密布砚上，俏其色泽，点玉成星。河汉璀璨，祥云献瑞，神龙腾空，笑傲天宇，极富情趣和韵致。

第六章

当代易砚生产情况

"乾坤朝阳"砚

当代 玉黛石 长43厘米 宽30厘米 高7厘米 河北易水砚有限公司供图

随形，采用浅浮雕、小写意手法，严谨端庄，疏密合度，精美绝伦。砚四周有山石树木，亭台楼阁等自然景物环绕，寓意乾坤大地，山川壮美。中间设砚堂，色淡黄，光亮，似旭日初升于山峦之上，大地光明，万物生辉。砚堂边沿微凹处为砚池。名"乾坤朝阳"，寓意深刻。

易砚获得突破性发展的时间应在改革开放后的不久。1978年12月，在经历了"文化大革命"洗礼后，党和国家在国内经济、文化严重受损的形势下召开了十一届三中全会，会议提出并决定了全面恢复农业生产、发展国民经济、实行改革开放的伟大决策；十一届三中全会之后，随着改革开放政策持续推进，国民经济重获新生，再现活力，人们的文化生活也逐步提高。在这一时期，一些党政机关以及大、中企业先后取得了一定成就，为了表达满心的喜悦，许多机关单位、重点企业以及大专院校经常在节庆之日举办庆典活动，以示隆重。而此时的易砚则以石材巨大的特点创造性地雕刻出了非常迎合这些庆典活动形式、内容的巨砚和大砚，并成功在北京打开了局面，可谓迎合了"天时、地利、人和"的多重因素，一跃而成为砚界雕刻巨砚、大砚且拥有北京这个大市场的佼佼者，一度成为我国砚史上的一个奇迹，在我国当代砚界引起轰动并产生较大影响。

就这样，以邹洪利为代表的易砚人，自1997年为迎接香港回归创作雕刻了第一方巨砚"归"砚后，先后创造性地雕刻了由中华世纪坛收藏的"中华巨龙"砚、由人民大学收藏的"桃李天下 振兴中华"砚、由北京师范大学收藏的"中华魂"砚、由重庆长安集团收藏的"中华腾飞"砚等许多巨砚和大砚。这些巨砚取材巨硕，以各种庆典主题为表现宗旨，展开丰富联想，将与之相关的各种素材紧密地结合在一起，涉及内容庞杂丰富，在具体雕刻上，也是集圆雕、浮雕、镂雕、线雕、俏色等多种表现手法精心雕琢而成，耗时长久，耗工巨大，成砚之后，往往具有令人震撼的观瞻效果。故而在诸多的庆典现场，这些巨砚、大砚常以气势磅礴、大气壮观的特点为现场无数观者拍案叫好。巨砚、大砚不但受到了文化、艺术界人士的喜爱，还受到了许多党和国家领导人的肯定，如原国家主席杨尚昆在看到"东方巨龙"砚后，就为易水砚题写了"东方巨龙"，给予了高度评价和充分肯定。这对易砚来说毫无疑问是获得的最大的成功。而巨砚和大砚的创作雕刻从此也逐渐成为易砚雕刻和销售的创造性优势。

二十一世纪初，中国文房四宝协会在我国传统"四大名砚"的基础上，确立了以端砚、歙砚、洮砚、澄泥砚四大传统名砚为主的，兼收了红丝砚、松花砚、苴却砚、贺兰砚、易水砚、思州石砚的我国当代"十大名砚"。从此，我国砚史可谓再续历史新篇章，不仅"十大名砚"争奇斗艳，就连一些鲜为人知的地方砚种也在积极恢复生产，在各种展览展销会上崭露头角，令砚界再现了"百花齐放、百家争鸣"的壮观局面，十分喜人。

在"十大名砚"中，除了端、歙、洮、澄为千百年来公认的具有悠久丰厚的历史文化之砚之外，在近十年的发展中，唐代盛行的红丝砚、清宫御砚松花砚和以传统山水画入砚的苴却砚也为大家所熟知。而具有悠久历史的易水古砚也以巨砚、大砚为造型特点，早已从幕后走向台前，成为"十大名砚"中极为耀眼的明星。

易砚之所以被誉为中国历史名砚和当代"十大名砚"之一，不仅因为《易州志》载"石质不亚端溪"之石质优良，其精湛的工艺和兼容南北的砚雕风格，同样使得易砚具备"实用、观赏、收藏"三要素。但是，辩证法告诉我们，任何事物没有一成不变的，砚台市场也一样。随着社会的发展，时代的进步，人们的消费理念也在悄然发生着变化，消费热情逐渐回归理性。

就目前来看，易水砚生产及销售态势还

"群星璀璨中华龙"砚

当代　紫翠石　长 256 厘米　宽 150 厘米　高 50 厘米　河北易水砚有限公司供图

制砚者采用浮雕、立雕、透雕等雕刻手法，巧妙运用天然石眼，俏其色泽，点眼成星，一幅天幕辽远、群星璀璨的壮丽画卷跃然砚上。一条神龙遨游其间，昂首吟啸。祥云深浅起伏，翻卷做姿，意在渲染群星若隐若现，极富情趣。祥云献瑞，星列河汉，龙腾九州，盛世繁荣。

"群星璀璨"砚

当代 紫翠石 长208厘米 宽106厘米 高52厘米 河北易水砚有限公司供图

此砚由清华大学于建校100周年时收藏。作者巧用紫翠石之天然石眼幻化成一幅天幕璀璨的群星图，象征着君子自强不息、厚德载物的腾龙也隐喻中华民族的崛起和腾飞。颗颗石眼象征着清华学子遍布九州，誉满中华，也象征着清华大学百年来取得的丰收硕果和光辉业绩，具有很高的收藏价值。

"兰亭"砚

当代 玉黛石 长30厘米 宽21厘米 高8厘米 崔小超供图

此砚以薄意浅雕绘兰亭雅集图卷，砚池曲水流觞，清流激湍，青绿玉带将景象层层推深，四周环雕山水、草木、人物，不厌其详，不烦其细，可谓美不胜收。

体现了以下诸多特点：

一、保留优势积极创新

（一）保留特色巨砚的雕刻优势

自以巨砚、大砚打开了良好的市场局面后，易砚人始终都非常珍惜和重视巨砚和大砚所取得的成绩，并在此后不断发展的过程中，始终为保持这一优势做出了相当多的努力。要知道，随着社会的发展，砚文化和砚台知识的逐渐普及，大大提高了人们对砚的认识，这就自然会影响到人们对巨砚、大砚的理解和评价。再者，近年党和国家对党内及政府官员、企业的严格管控，也使得以巨砚、大砚为主要特色的易砚在积极响应党和国家的号召后，逐渐转向了以实用和收藏为主要目的的中小型砚的创作和销售。但尽管如此，为了保留这一传统优势，易砚人还是做了许多鲜为人知的工作，如不定期地将巨砚设计雕刻小组集中起来进行必要的培训，有时还将雕刻小组集中在原石周围进行探讨和雕刻作业，有时还会集中讨论并围绕一个主题进行创作，以免丢失对巨砚、大砚设计创作的激情和驾驭能力，从而丧失这一传统优势。

（二）结合市场积极创新

自90年代以来，市场竞争进入了品牌竞争的时代，商标品牌已成为具有企业特色的价值观念、团体意识、工作作风、行为规范和思维方式等的综合载体。品牌的竞争也随着改革开放的持续推进深深影响到了砚界。鉴于此，易砚人为了使易砚这一地方文化瑰宝得以传承和发扬，再开工艺化制作之先河，突出了易砚雕刻的工艺性、观赏性和收藏性。他们通过改进工艺，向着系列化、多品种方向进军，快速实现产品的更新换代，全面推进名牌战略，为打造砚界易水品牌做了大量工作。目前，易砚已由过去单一的龙凤、花草砚主题，发展到现在的以山水风光、名胜古迹、英雄人物、鸟兽虫鱼、花草树木等为表现题材的数十个系列、上百个品种。并且，在许多国家级、省级的工艺美术大师和砚雕大师的带领下，易砚人精益求精，充分结合砚材原石的特点进行构思，因石施艺，巧妙地利用砚石上的天然石眼和俏色，采用平雕、立雕、阴雕、阳雕、浮雕、透雕等多种工艺，融天然与人工于一体，形成具有江南纤秀细腻、北国刚劲浑朴的独特风格，使易水砚业这一传统手工业再放异彩。

"书魂"砚

当代　玉黛石　长33厘米　宽17厘米　高8厘米　河北易水砚有限公司供图

此砚取材于上亿年形成的水成岩玉黛石，由意义深远、文气十足的书简构图，制砚师巧妙利用砚石上的天然俏色和美丽水线纹精雕而成。古雅的文字，鲜红的印章，无不散发着浓郁的书卷气息，向人们展示着中国书写的历史改革和中国文化的博大精深。

　　经过不懈的努力，今日的易砚已悄然发生着改变。其因石质细腻，易于发墨，又因表现题材多样，雕刻古朴，不仅为广大书画爱好者和收藏家所珍爱，同样深受普通百姓的喜爱。目前易砚市场广，销路好，出现了前所未有的收藏热潮。这些创新分别有以下几种砚为代表：

1. 实用砚

　　随着教育部《中小学书法教育指导纲要》（简称《纲要》）的颁发，一些全国人大代表让书法进课堂的提议得到了落实，也使处于危机中的汉字迎来了希望。因为在信息化高度发达的今天，互联网几乎覆盖我们生活中的方方面面，也将人们的双手牵引到了电脑所在的各个角落，加上智能手机的高密度使用率，人们可以说已成为键盘和智能手机的奴隶，不仅逐渐疏远了汉字，也疏远了承载和记录中华文明的砚台。我们暂且不论能否写一手漂亮的毛笔字，因时常在互联网上交流，智能输入法甚至让我们忘记了许多字的写法。毋庸讳言，这是我们远离书法和砚台的结果。值得庆幸的是，在我们中间的一些有志之士早已察觉到了这一点，并为之付出了努力，终使砚台回到了学子的课桌之上。再加上近年来传统文化尤其是国学文化越来越受到人们重视，教育部、文化部联合举办全国中小学生书法大赛，各地涌现出一大批"小书法家"，也大大激发了书法爱好者的热情。因此，《纲要》的颁布像一剂清醒剂，如一阵及时雨，既缓解了汉字的危机，又保护和延续了砚台这个传统文化代表物，同时也给"文房四宝"之尊的"砚"带来无限生机。因此，以实用为第一要务的实用砚在近两年销量大增，尤其以实用为主的学生砚市场前景最好。

2. 小型砚

与巨砚和大砚相比较而言，小型砚石为易砚人迎合市场、调整产业结构而生产的砚种之一。因造型较小，设计题材丰富，雕刻加工相对简单，其生产和销售数量非巨砚、大砚所能比。常言道"端歙无大料，巨砚出易水"，易水砚石材巨大的特点尽人皆知，因为过去受采挖工具落后的反作用力和市场特殊需求的影响，巨砚石材特点才得以充分地利用和发挥，一时间巨砚成为易水砚的主角。

可是近年，随着市场的变化，小型砚开始走俏，无论在砚界还是在一般的旅游市场，顾客都十分愿意购买小型砚和中型砚，有的还专门挑选几方小型砚赠送亲朋好友，小型砚销售市场非常广阔。鉴于此景，易砚人也积极迎合市场，调整思路，集中精力生产小型砚，有的还将大型石料切割成小块砚料进行加工，甚至将徘徊在市场前端的礼品砚悉数改制成小型砚，使得客户所喜欢的、能够手中把玩的小型砚脱颖而出，成为销售的亮点。

淌池砚

当代　白玉黛石　长17厘米　宽12厘米　高3.1厘米　右文堂制

砚石洁白如玉，质细莹润，砚形端庄大气，方正有力，砚身制作精细，棱角分明，砚堂平坦光滑，宜研彩墨。实属砚中罕见珍品。

3. 简约砚

就字面意思而言，"简约砚"当是指造型简练，但又不简单的砚，典型的如宋代流行的抄手砚、明清流行的太史砚、淌池砚、辟雍砚等多以几何形为基本造型的砚作。其以造型规矩简单，易于加工和使用为最大特点，又因砚堂宽大、墨池深邃，且经济适用而成为我国砚史上的经典式样，又加上其大多线条刚毅挺拔或刚柔相济，暗合了文人不合流俗的气节，故深受文人雅士之宝爱，在我国砚文化发展史上占有举足轻重的地位。

为了满足市场需求，易砚人时常在这类简约砚的造型上苦下功夫，并将饱含我国传统文化底蕴的书法、绘画、金石与砚雕艺术结合起来，摒弃那些既构图繁复又费时费工的砚台，进而主要创制那些虽简约却充满文化韵味的小型砚台，来不断适应和满足广大顾客日益提高的文化品位。

4. 精工砚

面对品位日益提高的广大顾客，除了要求砚台在造型上具有一定的文化品位，在质地上温润细腻外，更多人也非常注重高超雕刻技艺所表现出来的精致细密的雕刻艺术。这是给易砚人提出了工艺上的要求。

为了满足此类顾客的要求，易砚人首先从每一方砚的构图设计和题材寓意上进行精心构思，以古今深受欢迎的传统题材如梅兰竹菊、岁寒三友、诗词歌赋，等等为表现内容，使每一方砚不仅蕴涵有我国传统文化深厚的内涵，而且能够体现一个制砚师积极向上的精神面貌和出众的雕刻技艺，力求使之成为引导客户审美和市场消费的一个风向标。更为重要的是，易砚人还对每方砚都实行雕刻工艺流程的严格把控，坚决杜绝粗制滥造，力求雕刻技艺不出瑕疵，力求每一方砚台都是精品，使其既是理想实用的书写工具，又是欣赏、收藏的高档艺术珍品。

5. 特色砚

特色砚是易砚人在易县千年文化的基础上提出的。我们知道，易县地处山地、丘陵地带，山河叠翠，自然风光优美，数千年来的古代历史遗址众多，文化底蕴极为深厚，又是红色革命老区，富含古代历史文化和老区红色革命精神，加之还具有当地特色的农耕文化和农副产品，都是易砚现阶段已经表现的主要题材，其内容丰富。可刻于砚面也可雕饰于砚背，可以高浮雕、浅浮雕表

"西山放棹"砚

当代　玉黛石　长19厘米　宽11厘米　高4.5厘米　马顺林供图

彩云淡淡，小月西挂。山川秀景，水泊浩渺。携琴访友待月归，小舟悠悠情几绪。

"神龟献瑞"砚

当代　玉黛石　长20.5厘米　宽12.5厘米　高5厘米　崔小超供图

长方形砚堂、砚池，砚沿精雕云、水、回形纹等各种纹饰，尽显祥瑞，堂中水线似层层涟漪，上方麒麟吐瑞，祥云连额，简洁美丽，端庄大方。

"门"字砚

当代 玉黛石 长18厘米 宽12厘米 高2.1厘米 郭兵藏

造型简洁，砚堂宽大，实用第一。

月池平板砚

当代 玉黛石 长23.5厘米 宽13.8厘米 高4.4厘米 右文堂供图

形制长方，砚面天然水线纹似黄河九曲，浪淘风簸，奔流入海，砚池如一弯新月，高挂天空，天地动静相衬，意境清幽静谧。

现，也可以俏色、线刻的方式表现，其形式方法多样，成为易砚人取之不竭、用之不尽的艺术源泉。就在前不久，以河北易水砚有限公司为主导的易砚人，就为此做了一个大胆尝试，开发了此类具有易县文化特色的系列砚，打造易砚中别开生面的新特色，此类砚也深受顾客喜爱。

（三）顺应时代拓展销售模式

销售是一门艺术。对于易砚来说，改革开放的初期是易砚销售的摸索时期，易砚人是用小车推着进行销售的，如果前往北京、天津等地，还会将独轮车连同砚台一起运上长途汽车，等下车之后再推着独轮车沿街销售。尽管销售是如此艰难，易水砚最终还是迎来了巨砚、大砚产销两旺的春天，一跃而起，成为砚界加工和销售靓丽而独特的风景。之后，易砚的销售进入了门店销售阶段，以易水砚有限公司为龙头的生产、销售企业不仅在县城内遍开实体门店，而且还将门店开到了石家庄、保定，甚至北京和天津等地！主要的销售模式为以制砚农户和销售公司产销相结合，增强了制砚农户的生产积极性，扩大了生产规模，增加了样式品种，实现了走出易县，走向大、中城市的目标。此后，易砚的销售可谓一路高歌。在全国各地的展览展示会上，易砚总是以精巧的工艺和物美价廉的优势争取到广大客户的订单，产品远销北京、天津、上海、大连、西安、深圳等地。

随着互联网的发展，以互联网为纽带的网店销售悄然兴起，并在近些年逐渐发展成为一种后来者居上的销售盈利模式。对此，以河北易水砚有限公司同仁为代表的易砚人再次顺应时代发展潮流，成立网络部，引进专业人才，扩大网络销售队伍，加强硬件建设，不仅对新产品进行了多维的网络宣传，将文字、图像和声音有机地组合在一起，传递多感官的信息，让顾客如身临其境般感受商品或服务，而且使消费者能亲身体验产品之新、服务之周到与驰名品牌之魅力。这种图、文、声、像相结合的宣传形式，增强了网络宣传的实效，收到了良好的经济效益。为了强化营销手段，河北易水砚有限公司网络部今年利用"五一""中秋""国庆""双11""双12""平安夜""元旦"等日子成功组织了七次拍卖会，收到了预期效果。

二、 主要生产地

　　京南百里，河北易县，千年古城，砚台之乡，历史悠久，文化灿烂，是中华文明的发祥地之一。前面我们已经了解了北福地早期人类遗址、后土黄帝庙、老子道德经幢、幽燕故都燕下都、励精图治黄金台、金城汤池紫荆关、乾坤聚秀清西陵、慷慨悲歌易水河等华夏文明历史文化遗存，也认识了从这里扬名的中国音乐始祖、黄帝的重臣、曾长期居住在以他的名字命名的祈福名山洪崖山的祭祀乐官伶伦、黄帝的元妃、教中华民族缫丝养蚕的蚕姑圣母嫘祖、中华"文房四宝"之墨、砚鼻祖祖敏、奚超。

　　深厚的历史文化积淀孕育了流芳百世、千年璀璨的易水砚，有着"文明之州、雕刻之都"美誉的易州便也成为"中国十大名砚"之一的易水砚的生产基地。

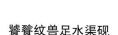

饕餮纹兽足水渠砚

　　当代　玉黛石　长20.5厘米　宽20.5厘米　高7厘米　崔小超供图

　　四周水渠环绕，风水意为聚财，饕餮是龙所生九子之一，神通广大，镇宅辟邪。商周时期青铜器饕餮纹较为常见，多以"鼎"为代表。四足鼎立，作饕餮纹，周雕以饕餮纹及夔龙纹。

"掌上明珠"砚

　　当代　紫翠石　长13厘米　宽8厘米　高5厘米　崔爱民供图

　　形似首饰宝盒，下砚上盖，相合边缘雕刻有两条精美莲纹，砚盖正中一颗天然活眼，瞳睛晕白清晰规则，四周雕刻有漂亮的莲瓣纹，与整体艺术结合得自然协调，丝毫没有生硬、排斥的感觉，具有极高的收藏价值。

"清西陵"砚

当代　玉黛石　长34厘米　宽16厘米　高4厘米　河北易水砚有限公司供图

此砚取材易县清西陵雍正泰陵隆恩殿，后有巍峨耸翠的永宁山，前为如虹卧波的玉带桥，周围苍松、翠柏环绕，收藏价值极高。

"丰碑"砚

当代　紫翠石　长25厘米　宽22厘米　高3厘米　马巨才供图

此砚取"狼牙山五壮士"的英雄事迹为题材精雕而成。砚面以巨大的石眼雕刻了五壮士的英雄形象，以巍峨的狼牙山为背景，像一座历史丰碑耸立在历史长河之中，以全新的表现形式缅怀了我国抗战时期的英烈。具有鲜明的时代特色。

（一）尉都乡

易砚主要生产地为易县尉都乡、塘湖镇和裴山镇三个乡镇，涉及尉都乡的台坛村、孝村、东娄山村、尉都村、朔内村，塘湖镇的孔山村、榆林庄村、裴山镇的裴山村、南庄村等十几个村庄。另外，徐水县瀑河乡的屯里村、德山村也生产砚台。但砚台产地主要以台坛等三个村为主。

1. 台坛村

台坛村距保定市区西北30多公里，位于易水南岸，狼牙山脚下，隶属河北省保定市易县尉都乡，风景秀丽，物产丰富。全村500多户，人口1800余人，家家做砚台。千百年来台坛村以盛产材质优良、工艺精美的砚台而声名远播。

60年代，著名的雕刻老艺人崔凤桐、石文奇、刘老玉、韩福臣工巧艺精；70年代，当四位老艺人年事已高之时，台坛大队管委会为了不让易砚雕刻技艺失传，同时也为了给大队创收，增加经济效益，便请"四老艺人"做指导，组织了崔志国、马振池、刘定江、石克永等十几个人组成的雕刻小组，雕刻出的砚台由大队出人，推着独轮小推车到集市上销售，若到北京、天津或保定、石家庄等远地销售，还需把小推车放在客车上，到达目的地后再推车销售，当时，《河北日报》还对推车卖砚的销售方式做了"日行百里，售砚百方"的报道。80年代改革开放后，农业生产实行联产承包责任制，生产大队的雕刻小组开始解散，由于台坛村农业生产有局限性，农田水利基本设施不完善，水缺地薄，靠天吃饭，以崔志国、马振池、刘定江、石克永等为代表的十几位制砚工匠各自回到家里搞起了个体经营。这一时期主要制作一些仿古砚、花草虫鱼砚、龙凤麒麟龟砚等，以龙砚为主。随着礼品砚的市场不断扩宽，销路大展，原先大队雕刻小组的师傅们也都带徒传艺，这部分人在台坛村率先甩掉贫困帽子，发家致富。

90年代后，河北易水砚有限公司不断壮大，因其最初采取了"公司＋农户"的经营方式，农民不再愁销路问题，这大大激发了广大农民制砚的积极性，一些有理想、有抱负并且热爱艺术的青年人便纷纷拜崔志国、马振池、刘定江、石克永等为师学艺，一批优秀雕刻能手迅速成长，如崔国强、马爱国、刘金宝等，如今他们已成为省级民间工艺美术大师，带徒授艺，开花结果。全村老少齐上阵，生产量陡增，销量喜人，收入可观。

易水砚的主要产地——台坛村

目前村内的砚台雕刻作坊很多，也大都在出入村口的显眼位置树立起了各种各样的招牌，以招揽进村购买砚台的客人。
图为台坛村一瞥。

河北易水砚有限公司实体店

"旧房变新房，平房变楼房，光棍娶贤妻，姑娘不出庄。"这是人们对台坛村近年来村貌大变化的总结。不，这不是总结，是由衷地赞美！

如今，台坛全村除上学和在外工作者，没有其他外出打工的，那真是：家家做砚台，户户有展厅，"前店加后厂"，收入成固定。男丁主雕刻，女人管打磨；人人不闲手，日子更红火。

2. 孝村

孝村隶属易县尉都乡，位于台坛村东北1公里处，全村100多户，因紧邻台坛村，因此制砚成为主导产业，从业人员覆盖全村，即使少数人打工也是在本村或台坛村学艺刻砚。

一般雕龄20年以上的师傅多承揽一些质地好、一米以上的精品巨砚来雕刻，10年以上者雕刻一些题材成熟的砚台，10年以下者多是跟着师傅做辅助雕刻，5年以下者要在师傅指导下做些整形、开池、粗雕等工作。不同师傅有着不同的雕刻风格，有擅长龙凤的，有擅长山水的，有擅长花草的，有擅长人物的，村里以崔春龙、崔慧生为首的省级民间工艺美术大师各自将自己的所长传授徒弟，代代传承。一方方精品从他们的手中完美成型，一方方易水砚从这里走向远方。如今的孝村也由过去的穷困小山村变成远近闻名的富裕村，村民钱包鼓了，穿着时尚了，新盖的大瓦房一座挨一座，鳞次栉比，其间不乏小楼冒出，幸福从人们的脸上溢出，快乐从人们的笑声中传出，一个社会主义新农村又以崭新的风貌闪亮在古老的易州大地上。

3. 东娄山村

东娄山村隶属易县尉都乡，位于台坛正西2公里处，全村500多户，也受台坛村雕刻产业影

砚台加工制作之一

由于现代化电气工具的普及，许多电动工具已成为台坛村加工制作砚台的主要工具。

图为台坛村的一家作坊雕刻砚台的一个场景。

砚台加工制作之二

图为马爱国对一方砚进行粗雕。

砚台加工制作之三

图为包装制作工人在精心制作砚盒。

响，有近三分之一的人家从事易砚雕刻，并且因此发家致富。以省级民间工艺美术大师王大庄为首的年轻雕刻家们正在引领爱好砚雕的乡亲们在传承易砚的大道上努力拼搏，执着奋进。

4. 尉都村

尉都村为尉都乡政府所在地，位于县城南约18公里处。多丘陵、低山，位于台坛村正北约1.5公里处，石材较丰富，做文化石较多。做砚的虽然不多，但以王艳利为代表的几家将砚台做得有声有色。王艳利继承传统技法，善雕龙砚，尤以五龙砚和九龙砚为主，随着市场变化的需要，现多做茶海，花鸟鱼虫，浅浮雕刻，美观实用，新潮时尚。

5. 朔内村

朔内村由尉都乡管辖，毗邻东娄山村。属丘陵地带，村东1公里的黄土岗上分布着朔内较大的三个坑口。站在1号坑口坡顶放眼周围平地，有大大小小的土坑，那是因为有的紫翠石在这平地里用镐头即可挖出，因此，朔内村祖祖辈辈在传承着易砚制作技艺。

朔内村现今刻砚的人约有几十个，其中较有名的李小东，也是听着墨砚的故事，看着砚雕工艺长大的，自初中毕业后跟随父亲学雕刻，后又拜师学艺，作品颇受市场欢迎。擅长做《书简》系列砚——"书魂"砚、"博爱"砚、"墨缘"砚，基本上走批量定制的路线，每年会有近万方精心制作的砚台从他的雕刻厂走向全国各地。

（二）易州镇

易州镇位于易县县境东部，受河北易水砚有限公司发展的影响，台坛等几个村一些年轻的制砚师纷纷在县城的金台西路和易州镇112国道两

砚台加工制作之四

图为崔慧生粗雕进行时。

砚台加工制作之五

图为王大庄粗雕进行时。

砚台加工制作之六

图为河北易水砚有限公司总经理、国家非物质文化遗产易水砚制作技艺代表性传人邹洪利与技师研讨雕刻。

砚台加工制作之七

二图为制作完成的两种不同材质的砚盒。其中，下图的盒面裱糊材料织有易水砚公司的"易水宝砚"标志。

侧盖楼建展厅，一般为前店后厂，大小门店数十家，从而带动易州镇厂城村等周边几个村从事易砚及相关产业。目前，易县文化产业园的龙头——中华砚文化博览城即将投入运营，吸引了尉都乡原生产地一大批雕刻师入驻易水名苑，形成了一个全新的以中华砚文化博物馆为中心，以艺术品文化长廊为聚集带的新的砚台生产加工集聚地。

（三）塘湖镇

塘湖镇属于丘陵地带，紧邻京广西线，地理位置优越，交通便利。孔山山峰自然形成三个大小不等的孔洞，故有"孔山星月"之称，为易州十大景观之一。

大自然不仅给这里的人们以地面上的美丽奇景和丰饶物产，还赋予这里地下宝藏——石材。这里的石材以海藻石和青玉石为主，村里开石板厂的较多，主要是做文化石，以机器加工。因海藻石和青玉石硬度比普通砚石略高，故做雕刻的几家也是以制作茶海为主，制作砚台人为辅。他们与台坛人有亲戚关系，因而雕刻技艺都是从台坛村衍生出来。代表有孔山村的马智会，带领丈夫和儿子传承着从小掌握的雕刻技艺，擅长做大、中、小号的"荷叶托蟾"砚，另外其各种型号的镇尺做得相当有特色，所制茶海也很畅销。榆林庄村的康小宇、康小赛哥俩以做"山水"砚为主，同时，利用本地海藻石、青玉石等石材制作茶海，其作广受顾客欢迎。

（四）裴山镇

裴山镇位于易县境东南部，距县城 13.4 公里。京广公路过境，易保公路贯穿，公路两旁石材加工随处可见，各种型号和各种颜色的文化石堆积如山，运输车辆源源不断。裴山镇的砚台制作属于后发展形式，都是从台坛村辐射发展而来，制砚人或与台坛人沾亲带故，或是砚雕爱好者。具有代表性的是南庄村的李子修，从业时间较长，擅于雕刻书魂、书简，采取前店后厂的模式，小企业做得很红火，为易砚的传承发展做出了贡献。

三、易砚雕刻优秀代表

（一）河北省工艺美术大师

1. 崔国强

河北易县人，1964 年生，大专文化。1978年进入"易县工艺美术厂"工作。祖辈和父辈都是砚雕名家，受家庭环境熏陶，自小砚雕技艺出众。擅长以龙为主要题材的传统砚雕刻。1990年，"龙凤琴"砚、"双鱼"砚荣获京津冀豫苏五省市博览会二等奖。1995 年，在宏达古砚雕刻技校讲课授艺。1996 年，在全省"民间艺术一绝"评比中，被授予"民间美术大王"称号。1999 年，随易水砚公司前往新加坡举办"九九群龙下南洋中国易水砚大展"，活动期间展示了易砚制作技艺，受到新加坡朋友的喜爱和欢迎。2011 年，被授予"市级非物质文化遗产项目·易水砚制作技艺代表性传承人"荣誉称号。代表作品有"童

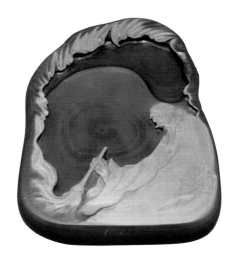

"怀素写蕉"摆件

当代　青玉石　长 40 厘米　宽 32 厘米　高 4 厘米　河北易水砚有限公司供图

随形，砚沿为向上翻卷的蕉叶，色泽青绿可人，酷似盛夏浓荫，一儒雅老者坐于荫下"苦练三伏"，宁静、安详，形象地刻画出一代书宗的勤奋刻苦。

"书简"砚

当代　玉黛石　长 46 厘米　宽 31 厘米　高 13 厘米　李小东供图

砚形似两端一上一下卷起的竹简、竹片或整或残或烂，堂左像是竹简日久年深被泥土腐蚀留下的痕迹，让人似乎闻到了远古泥土的芬芳。斑驳的泥痕，古雅的文字，鲜红的印章，无不散发着浓郁的书卷气息。

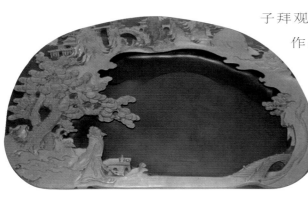

"月同我心"砚

当代 玉黛石 长45厘米 宽23厘米 高5厘米 崔国强供图

妙用黄膘和俏色,于砚周精雕祥云、明月、远山、楼阁、苍松、拱桥等,老者身着长袍,双手倒背,仰望明月,思绪万千,感慨良多。意境幽清淡远,雄浑壮阔。

"鹤如意"砚

当代 玉黛石 长36厘米 宽21厘米 高5厘米 张刚供图

砚形椭圆,右开砚堂、砚池,水线圆圆同心,或线或环,颜色或褐或灰,既规则又富于变化,左雕仙鹤,体态优雅,仙风道骨,口衔一柄如意,花如水莲,气清韵雅,柄如钩镰,吉祥如意。

子拜观音"砚、"龙凤琴"砚,"生生不息"砚等,作品注重整体和谐、大气,用刀苍劲、准确,尤其对所创作品有极深的艺术感悟。

现为河北省民间工艺美术大师,易砚文化研究会成员。

2. 张刚

河北易县人,1968年生,初中文化。

1991年9月至2003年7月,在宏达古砚雕刻技校任教,传授砚雕技艺。1997年为喜迎香港回归,作为主创之一制作"归"砚。该砚被人民大会堂永久收藏,在当地引起轰动。1999年,为迎接"建国50周年"大庆和"澳门回归"盛事,作为主创之一制作"中华巨龙"巨砚。该砚重达30吨,长8米,宽3米,高1米,从开采石料到巨砚竣工历时三年,为当时世界第一巨砚。

2000年至2011年,前往河北农业大学美术系学习雕刻与书法,系统学雕刻理论和书法理论,在潜心研究中国历代砚史的基础上,开始以创新为目的雕琢易水砚作品。2003年,为庆祝巴金百年华诞,和邹洪利共同主创设计雕刻了"家春秋"巨砚,此砚被巴金文学院永久收藏。2004年起任河北易水砚有限公司总厂厂长,负责易水砚雕刻技术指导;作品以设计见长,其具有较高的鉴赏能力和砚雕技艺。与邹洪利合作开中国巨砚制作之先河,参加了多方巨砚的制作,为将易砚发扬光大做出了卓越贡献。

其作品有"赤壁泛舟"砚、"一帆风顺"砚、"凤凰牡丹"砚等,屡屡获奖,诸多砚作被社会名家收藏。现为河北省民间工艺美术大师,易砚文化研究会成员。

3. 崔文龙

1977年出生于易水砚发源地台坛村,其父崔志国系早期制砚老艺人，自幼喜爱雕刻艺术，在石头、锤子、刻刀叮叮当当的声音中长大，十几岁开始，无论放学间隙还是放假期间，都会静静地站在那些制砚人身边悉心学习和模仿。三年高中绘画技艺和图案布局的美术学习，又为制砚打下了良好的美术基础。在辽宁本溪服兵役期间，利用少有的业余时间和难得的外出机会，曾走访当地制砚人家，与制砚艺人交流学习，收获颇丰。退伍后又辗转到宁夏、吉林、四川、山东、广东等名砚产地游学，开阔眼界，增长见识，逐步扩宽了思路。2003年进入河北易水砚有限公司工作，开始参与易砚新品种、新样式的共同开发，其间，每逢书画界、美术界的大师们在易县组织活动，崔文龙都不会放过每一个交流学习的机会，并在随公司去外地组织展览活动时了解市场、了解兄弟砚种，大大提高了砚外功夫，也丰富了人生阅历。所制砚作深受业界好评，并占据相当市场份额。其作品除继承了父亲花鸟鱼虫以及十二生肖系列砚台的雕刻外，还在学习中，开创了梅兰竹菊以及龙凤等题材的砚台制作，擅长平雕，砚作题材广泛，人物、龙凤、山水、花鸟等均取得较高的成就，作品多有发表，为易砚赢得了若干大奖，为易砚的宣传和推广起了重要作用。砚台代表作有"龙凤"套砚、"松鹤延年"砚、"琴韵"砚等。

现为河北省民间工艺美术大师，易砚文化研究会成员。

4．崔春龙

河北易县人，1968年生，初中文化。16岁时师从王增禄步入易砚雕

"一帆风顺"砚

当代　玉黛石　长36厘米　宽21厘米　高6厘米　张刚供图

妙用老皮和俏色，采用平雕、立雕、浮雕、透雕等多种手法，集山峦湖海、古寺宝刹、万丈飞瀑、遒劲苍松、行进帆船等于砚面，尽显神州大地一派祥和景象。

"松鹤延年"砚

当代　玉黛石　长46厘米　宽30厘米　高9厘米　崔文龙供图

色青绿，淡黄相间。砚周苍松环绕，鹤舞翩跹，野趣横生，中间寿桃形砚盖上蝙蝠环绕一圆润熟透之小寿桃，端庄祥和，气韵生动。

"麒麟望日"砚

当代　玉黛石　长26厘米　宽15厘米　高5厘米　崔文龙供图

形制长方，砚堂广博，砚池深凹，砚沿直线挺拔，端庄大方，妙用石胆，巧作丽阳，精雕麒麟，回首望日，长啸震宇，气贯长虹，寓意高洁祥瑞，事业昌隆。

"双龙捧寿"砚

当代　玉黛石　长26厘米　宽23厘米　高5厘米　崔春龙供图

寿桃型，右设砚堂，水线状如圆环，两颗小寿桃镶嵌在大寿桃下面的砚唇上，砚左侧两条飞舞的神龙，捧着寿桃似从仙界飞来，把深深的祝福献给了主人。

刻行业，后又投师于马凤阁，在学习雕刻期间，先后参与了"中华巨龙"砚、"群星璀璨"砚等巨砚的雕刻与制作，取得了一定成绩。2010年，其作品"生生不息"砚在"曲阳雕刻艺术节"中荣获一等奖。2014年，参加由中国专业人才库管理中心、全国专业人才考试专家委员会联合组织的"一级雕刻师"测评考试，荣获"中国专业人才证书"。2015年，在中国工艺美术协会第50届全国工艺品交易会上，其作品"双龙捧寿"砚获得"金凤凰"创新产品设计大赛银奖。尽管小有成就，但其依然不放松学习，孜孜以求，钻研砚文化理论知识，对砚雕技艺精益求精。代表作品有"双龙捧寿"砚、"福禄"砚、"神龙献宝"砚等，深受大家喜爱，许多作品多有发表，为易砚赢得诸多荣誉。

现为河北省民间工艺美术大师，易砚文化研究会成员。

5. 王大庄

河北易县人，1974年生，从小听着墨砚的故事和看着祖辈的雕刻长大。1990年初中毕业后，就拜刘金坡为师学习砚雕技艺，掌握了很多雕刻技法。进入公司后，其虚心向专家请教，并利用业余时间刻苦钻研砚雕理论，经常将砚雕中的问题和理论知识结合起来，经思考总结后，再付诸砚雕工作当中，使雕刻技艺日渐成熟。

1996年曾获河北省三级雕刻师称号，擅长龙凤、麒麟、龟、花草、虫鱼等题材砚作的雕刻，作品深受顾客喜爱。其作品多次代表公司参展，曾有"双龙聚宝"砚、"一帆风顺"砚、"蝈蝈"砚和"星云"砚等获奖作品。

现为河北省民间工艺美术大师，易砚文化

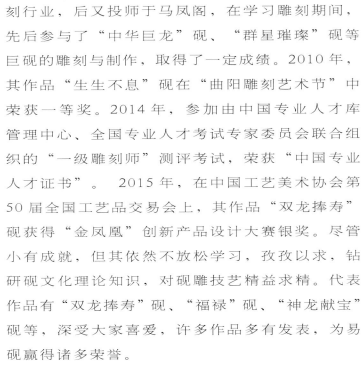

研究会成员。

6. 崔爱民

河北易县人，1970 年生。制砚悟性较高，时常在雕刻过程中不断地与设计者沟通交流，再巧妙地利用各种雕刻技术，从而在易水砚雕刻上有一个质的飞跃。曾多次代表公司参加全国各地的展会。也时常与砚雕艺人互相切磋，共同探讨如何改变砚雕刻传统的技艺，使刀法更精细，形态更逼真，致力于开拓易砚新领域。代表作有"赤壁泛舟"砚"黄山云游"砚"锦绣前程"砚。作品多有发表，在易水砚工艺品获若干大奖中起了重要作用。

现为河北省民间工艺美术大师，易砚文化研究会成员。

7. 张冠帅

河北易县人，1976 年出生于易县雕刻世家，自幼受父亲熏陶，酷爱雕刻。1992 年，进入河北易水砚有限公司工作，拜邹洪利为师，虚心求教，刻苦钻研，技艺突飞猛涨，作品深受顾客喜爱。擅长以苍劲刀法雕刻龙凤题材砚作，兼以小巧刀法雕刻山水、花草、人物系列，作品布局和谐，刀法刚柔兼备，砚雕风格渐成。代表作有"菊花"砚、"举杯邀明月"砚、"山水"砚、"双龙捧寿"砚等。砚作多有发表，在易水砚工艺品获若干大奖中起了重要作用。

现为河北省民间工艺美术大师，易砚文化研究会成员。

8. 刘金宝

河北易县人，1970 年出生于制砚世家，自幼对砚雕有着浓厚的兴趣。初中毕业后开始学习和从事砚雕

"双龙聚宝"砚

当代 玉黛石 直径 45 厘米 高 25 厘米 王大庄供图

上沿纹饰绵延相接，砚盖上双龙、古币、祥云极富层次感。深浮雕和透雕相并施艺，精美绝伦；砚周粗糙的古松老皮，令人顿生沧桑古朴沧桑之感。形制持重，大气雄浑。

"一帆风顺"砚

当代 玉黛石 长 36 厘米 宽 22 厘米 高 6 厘米 王大庄供图

色泽青绿相间，崖危寺古，苍松遒劲，坝桥高耸，涧水奔流，湖平两岸阔，风正一帆悬。

"黄山云游"砚

当代 玉黛石 长41厘米 宽25厘米 高5厘米 崔爱民供图

黄山峰下,迎客松前,张果老倒骑白驴,为寻韩湘子,云游此山中,仙友未曾见,奇观收眼底,黄山美景赏不尽,口中道情唱不已。难怪民间赞曰:"举世多少人,无如这老汉。"启示我们应亲近自然,珍惜生命,禅悟真谛。

"举杯邀明月"砚

当代 青玉石 长45厘米 宽21厘米 高5厘米 张冠帅供图

山峰高耸,坝桥横栏,涧水奔涌,明月出山。太白邀月,月未解饮,愿结忘情,相期云汉。意境壮阔,雕工精湛。

技艺,至今已近30年。1999年,被评为河北省民间艺术雕刻大师。曾先后参与了"中华巨龙"砚、"群龙长城"砚等巨砚的制作。2015年,在河北省文房四宝协会、河北省砚雕行业协会联合举办的首届"未央杯"易水古砚名家创意大赛中,其作品"游云惊龙"砚荣获金奖。同年,其作品"山水"砚荣获由中国轻工业信息中心、中国工艺美术精品博览会组委会联合颁发的"国艺杯"铜奖。代表作有"事事如意"砚、"鹤如意"砚、"天池仙翁"砚、"千里共婵娟"砚等。作品多有发表,在易水砚工艺品获若干大奖中起了重要作用。

现为河北省民间工艺美术大师,易砚文化研究会成员。

9. 崔爱民

字惠众,易砚堂主人,河北易县人,1974年生,擅于雕刻,常在砚上雕童叟、花草、虫鱼、山水、鸟兽等,画面惟妙惟肖,深得大家推崇。但他永不满足,还将砚雕艺术奉献给了慈善事业,并于2010年12月6日,以易砚堂的名义向中华少年儿童拍卖慈善救助基金会捐助一方易砚精品"子午书简"砚。

除此之外,还分别获得中国《旅游卫视:艺眼看世界》、《艺术到家》等栏目的采访宣传。作品被联合国友好协会主席诺尔.布朗博士收藏。2014年3月被评为河北省非物质文化遗产项目代表性传承人。同年,作品"龙腾盛世中国梦"巨砚创世界纪录。同年10月,作品"北魏石砚"、"水渠"砚、"双龙"砚在第 15 届中国工艺美术大师作品暨国际艺术精品博览会上荣获百花杯金奖。2015 年 3 月，"兰亭"砚在第 50 届全国工艺品交易会上获得金凤凰创新设计大奖金奖。同年 7 月，作品"掌上明珠"砚在易水石古砚名家珍品展上获金奖。作品"龙腾盛世"砚在中国工艺美术精品博览会"国艺杯"上获金奖。

现为中国工艺美术协会会员、河北工艺美术协会理事、中华砚文化研究会会员、河北省民间工艺美术大师、河北省非物质文化遗产传承人、易砚文化研究会成员、创吉尼斯世界纪录大型易水砚设计师。

10. 马爱国

河北易县人，1965 年生，从事砚雕几十年，作品常以料构思，因形设计，因材施艺，尤其擅长刻画人物、山水、花草、飞禽。作品"山水"砚在中华砚文化发展联合会组织举办的出国（境）展览精品砚台遴选中，获得"入围奖"。代表作有"寿桃"砚、"龙腾盛世"砚、"龙盘虎踞"砚等。作品多有发表，在易水砚工艺品获若干大奖中起了重要作用。

现为河北省民间工艺美术大师，易砚文化研究会成员。

11. 吴晓云

河北易县人，1978 年生，1992 年拜崔国强为师，2000 年投身河北易水砚有限公司雕刻厂从事砚雕工作，师从国家级美术大师邹洪利，深入易砚雕刻创作。曾参与"中华巨龙"砚的雕刻制作。2012 年，在中华砚文化发展联合会举办

"龙腾盛世"砚

当代　紫翠石　长 37 厘米　宽 24 厘米　高 8 厘米　崔爱民供图

形制仿古，长方厚重；砚四周饰以青铜器纹饰；砚盖镂雕祥云，浮雕神龙，天然活眼温润如珠，神龙昂首，腾跃戏珠，寓意喜气祥瑞，盛世繁华。技法精湛，端庄典雅。色泽透亮，质地细润，收藏价值极高。

"辟雍"砚

当代　绿端石　直径 22 厘米　高 9 厘米

辟雍砚是颇为独特的一种造型：它的砚面居中，研堂与墨池相连，砚台中心为锅底状砚台四周留有深槽储水，以便书画家润笔蘸墨之用，显示出它的实用功能，砚的四周围雕刻有饕餮寿纹，辟雍砚的造型独特，显示出制作者的独具匠心。具有极高的历史价值和收藏价值。

"二龙戏珠"砚

当代 玉黛石 长30厘米 宽20厘米 高4厘米 吴晓云供图

妙用俏色，层次分明，中开砚堂，砚盖天然石胆温润如珠，砚周祥云起伏，二龙相对，腾云驾雾，共戏一珠。充满欢乐祥和之趣。

"马到成功"砚

当代 玉黛石 长30厘米 宽26厘米 高4厘米 李小丰供图

石质温润细腻，水线流动，双骏蹄奔，疾驰如飞，雄健威武，志在千里，祥云伴骏马，疾风再添翼。毋庸置疑，骁腾如有此，马到必成功。

的出国（境）展览精品砚台遴选中，其作品"大双龙聚宝"砚获得入围奖。因巧于设计，2013年，曾为高碑店某婚庆会所设计制作了长达4米的"天下一喜"特大型砚形影壁，作品中，砚堂圆如朗日，左龙右凤相对嬉戏，相亲相爱，喜庆吉祥气氛浓郁，广受众人赞誉。擅龙砚，作品因材施艺，巧用石品，刀工娴熟，风格古朴高雅，深受顾客喜爱。

作品"二龙戏珠"砚、"五龙戏珠"砚、"五龙献宝"砚、"吉庆有余"砚、"月同我心"砚、"聚宝盆"砚刊录于《中国易砚》一书。代表作有"二龙戏珠"砚、"举杯邀明月"砚、"龙珠宝"砚等。在易水砚工艺品获若干大奖中起了重要作用。

现为河北省民间工艺美术大师，易砚文化研究会成员。

12. 李小丰

河北承德人，1974年生，1995年进入燕下都易水古砚厂，拜邹洪利、刘金坡为师学习砚台理论和雕刻技术。2007年，在"第42届国际旅游品和工艺品交易会暨国际礼品和家庭用品展"上，其作品"墨壶"砚获设计赛铜奖。2009年加入易砚文化研究会。2009年4月，砚作"一世清白"砚在首届河北省雕刻学校杯雕塑艺术大赛中获得优秀奖。作品以龙凤、麒麟、龟等传统题材为主，其亦擅长花草虫鱼、飞禽走兽等题材的雕刻，善用石品和俏色，精于设计，砚作多追求人工与自然的和谐统一。多次参与公司为国家单位和学术机构所制巨砚的设计与制作，如"菊花牡丹"

砚、"书简"砚、"神龙腾飞"砚等。作品深受销售市场青睐，代表作有"墨壶"砚、"马到成功"砚、"马上封侯"砚、"海天旭日"砚等。

现为河北省民间工艺美术大师，易砚文化研究会成员。

13. 王海洋

河北易县人，1983年生，从小酷爱雕刻，16岁初中毕业后，先后拜崔国强、王学强为师学习制砚。2011年，获河北传媒学院专题采访，表演了"生生不息"砚的制作全过程，展示了传统易砚的制作技艺，受到业内关注。2011年，接受河北电视台采访。2012年，作品"和谐"砚入围中华文化发展联合会出国（境）系列砚雕展。2013年，两次接受中央电视台记者采访，展示了"佛手"砚、"明月松间照"砚的制作技艺。同年9月，在全国人大常委会原副委员长李铁映莅临河北易水砚有限公司视察时，其为李铁映展示了"五福献寿"砚制作过程，李铁映指导并题词"聪出天门"。12月，为著名演员李琦完成定制砚作。作品以人物、山水见长，深受广大客户朋友的喜爱和好评。代表作有"福星捧日"砚、"三羊开泰"砚、"佛手"砚、"百财"砚等，部分作品在易砚销售市场上占有重要份额。

现为河北省民间工艺美术大师，易砚文化研究会成员。

14. 张志远

河北易县人，1985年生，爱好砚台雕刻艺术，2005进入河北易水砚有限公司，师从邹洪利先生，开始学习制砚技艺，其间曾参与多方巨砚制作，受到了同行们的好评。2012年砚作"诗鼓"砚入围中华砚文化发展联合会举办的

"福星捧日"砚

当代　紫翠石　直径38厘米　高8厘米　王海洋供图

砚周精雕祥云和蝙蝠，祥云红绕紫气东来；五只飞翔的蝙蝠寓意福从天降、福运到来、福如东海之意。几颗天然石眼如明星闪烁，陡增灵气。中间砚堂如一轮红日，福星捧日，大吉大利。

"一篓金"砚

当代　玉黛石　长32厘米　宽32厘米　高8厘米　王海洋供图

砚以农家常见的编篓为造型，以高浮雕手法表现。在其外表，精雕三只小螃蟹，两只横行其上，相互对峙，一只小心翼翼地在洞中探首，十分有趣。

"簸箕"砚

当代 玉黛石 长30厘米 宽24厘米 高7厘米 张志远供图

形取农家簸箕，造型写实，尤其砚背柳条弯曲合度，箍线力绷，勒痕凹陷，精密紧致，几可乱真。物件虽历经岁月洗礼，但依然淳朴可亲，透露着浓郁的生活气息。

"赤壁泛舟"砚

当代 青玉石 长36厘米 宽23厘米 高4厘米 袁兴华供图

赤壁嶙峋，壁立千仞，一尾小舟湖中悠行，船头高士拢袖观景：忆往昔，当年赤壁鏖战急；看眼前，数竿翠竹送凉意。赤壁的压迫感与翠竹的潇洒及高士的闲适，形成鲜明对比。意境深邃，气势磅礴。

出国（境）系列砚雕展。2015年，砚作"簸箕"砚在河北省民间工艺美术大师评比中赢得专家评委的一致好评。代表作品有"簸箕"砚、"怀素书蕉"砚、"富贵牡丹"砚等。

现为河北省民间工艺美术大师，易砚文化研究会成员。

15. 袁兴华

河北易县人，1985年生，2000年进入宏达古砚雕刻技校，开始学习雕刻砚台技艺，后师从多位易砚雕刻老师傅，掌握了不少雕刻手法。作品时出新意，受到多位师傅的赞誉。2012年，砚作小"双龙聚宝"砚入围中华砚文化发展联合会举办的出国（境）系列砚雕展。代表作有"赤壁泛舟"砚、"海天旭日"砚、"金蟾吐宝"砚等。

现为河北省民间工艺美术大师，易砚文化研究会成员。

16. 崔建启

河北易县人，1963年出生于易砚之乡台坛村，自幼随父亲学习砚雕技术，耳濡目染，对易砚有着深厚的感情。21岁进入易县塘湖工艺美术厂参加工作。1992年进入河北易水砚有限公司雕刻厂学习砚雕技艺，开始专心从事砚台的设计与制作。其间曾多次参加公司组织的如"雕刻与雕塑""美学素养和文化素养""易水砚制作""易水砚欣赏"等各种培训班，丰富了知识与表现技法，技艺有很大提高。作品造型古朴，雍容典雅，线条流畅，颇受易水砚收藏者的青睐。代表作有"琴"砚、"佛手"砚、"龙凤呈祥"

砚、"葫芦宝"砚、"龟"砚、"云窝"砚、"双龙聚宝"砚、"刘海戏金蟾"砚等，作品多次代表公司参展，赢得大奖，为公司赢得了荣誉。

现为河北省民间工艺美术大师，易砚文化研究会成员。

17. 王学强

河北易县人，1970 年生，1986 年开始学习易砚雕刻，后与邹洪利、崔国强等人一起研讨易砚工艺价值，积极探索石雕技艺与砚雕技艺的相互融合。1999 年，被河北省文化厅授予"河北省民间艺术雕刻大师"称号。作品表现手法以平雕为主，后又将北方石雕技艺中的立雕、透雕法引入砚雕，逐渐形成气势恢宏、刚劲浑朴的砚雕风格。表现题材多为龙、凤、龟、麒麟，他还积极学习古代砚谱中的古砚雕刻。代表作有"乾坤朝阳"砚、"荷塘月色"砚、"明月松间照"砚等。

现为河北省民间工艺美术大师，易砚文化研究会成员。

"佛手"砚

当代 紫翠石 长 26 厘米 宽 22 厘米 高 5 厘米 崔建启供图

砚背精雕佛手，佛手指尖细，指形骨节凸显；砚沿佛手指围拢，弯曲合度，极富质感。

"乾坤朝阳"砚

当代 玉黛石 长 45 厘米 宽 30 厘米 高 5 厘米 王学强供图

此砚以浅浮雕、小写意手法雕刻山石树木、亭台楼阁等自然景物，寓意乾坤大地，山川壮美。中间设砚堂，色淡绿，似旭日初升于山峦之上，大地光明，万物生辉。砚堂边沿微凹处为砚池。此砚意境宽阔，寓意深刻。曾被当作国礼送给希拉克总理收藏。

18. 白小强

河北易县人，1975 年出生于易县台坛村。自幼喜好砚台雕刻，中学时曾利用假期学习加工砚台，其艺术灵性就受到雕刻师傅们的赞赏。毕业后开始细致学习易水砚的雕刻，在师傅和前辈们的指导下和自己多年刻苦探索中，练就了扎实的雕刻功底，并在工作之余查名砚资料，访雕刻名师，积累了丰富的创作经验。

中國名硯

"指日高升"砚

当代　紫翠石　长45厘米　宽30厘米　高6厘米　白小强供图

树下一老一少，长幼交心，幼童手指旭日提问，老人若有所思，开心怡然。取名指日高升，不单寓意官运亨通，同时也表达了现今人们期盼生活水平蒸蒸日上。

"锦绣前程"砚

当代　青玉石　长46厘米　宽28厘米　高6厘米　刘金坡供图

浅浮雕精雕牡丹、锦鸡，牡丹开合有致，雍容华贵，枝叶交错，蓊郁繁华，蝴蝶盘旋其间，趣味盎然。锦鸡身姿矫健，小鸡萦绕周围，似翘首赏花。富贵高洁之花与吉祥和美之鸟相映成趣，意趣盎然。

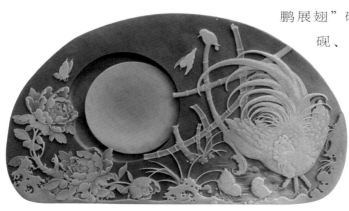

2012年，被中华文化研究会选入"中华文化名人堂"，并授予"中华文化名人"荣誉称号。同年12月，在"博艺杯"喜迎党的十八大工艺美术精品展评选大赛中，其砚作"松鹤延年"砚荣获金奖。2013年被评为保定市工艺美术大师。2014年，在第十五届中国美术大师作品暨国际艺术精品博览会（东阳）上，其"枯木逢春"系列砚雕作品"梅花树桩"砚、"古木壁虎"砚和"松鹤"砚获得"中国原创·百花杯"中国工艺美术精品奖铜奖。其作品形态因题材而异，集平雕、浮雕、阳雕、阴雕各种表现手法于一身，形成了自己砚雕艺术的独特风格。代表作有"松鹤延年"砚、"指日高升"砚、"福豆"砚等。

现为河北省民间工艺美术大师，易砚文化研究会成员。

19. 刘金坡

河北易县人，1962年出生于易县台坛村，自幼随父亲学习砚雕技艺。早在初中上学期间，就开始学着雕刻砚台，在父亲的悉心的教导下技艺大有长进。后进入河北省易砚有限公司从事砚雕。1992年，参与了"民族之魂"砚、"炎黄之母"砚两方巨砚的制作。1996年，砚作品"枕尺"砚被河北省文化厅评为三等奖。代表作有"大鹏展翅"砚、"锦绣前程"砚、"明月松间"砚、"龙行天下"砚等。

现为河北省民间工艺美术大师，易砚文化研究会成员。

20. 马新刚

河北易县人，1982年生，自幼酷爱石砚雕刻，初中毕业后，先后师从马长友和洮砚雕刻大师陈旭聪学艺。经过五年的学习锻炼，雕刻技艺不断提高。其作品注重虚实叠让，详略得当，形神兼备，深受客户的喜爱和好评。代表作有"龙抬头"砚、"明月松间"砚、"山水情"砚等，作品在易砚获诸大奖中起着重要作用。现任河北易水砚有限公司天和古砚厂厂长。

现为河北省民间工艺美术大师，易砚文化研究会成员。

21．邱丽卉

河北易县人，女，1974年出生于雕刻世家，自幼酷爱雕刻。在1994年起的三年时间里，义务为宏达古砚雕刻技校的学生们讲授砚雕技法及雕刻与绘画技艺，为弘扬砚雕艺术做出贡献。多年来，其潜心钻研，积极学习古代砚谱中的多种雕刻技法，砚作也屡获嘉奖。2006年成为易砚文化研究会的会员，同年，砚作在第三届中华民间艺术精品博览会上荣获优秀奖。2007年，在第42届国际旅游品和工艺品交易会暨国际礼品和家庭用品展上获"金凤凰"创新产品设计大赛银奖。2008年赴澳门参加"塔石艺墟·iMART创意市集"活动，并展示易砚制作过程，受到好评。2012年，参加2012中国旅游商品大赛，并展示易砚制作技艺。2014年，在首届保定市乡土艺术成果展中，其砚作荣获"最佳作品"奖。其砚作以山水题材见长。

现为河北省民间工艺美术大师，易砚文化研究会成员。

（二）易砚文化研究员

1．王传福

山东菏泽人，1979年生。2001年

"荷塘清趣"砚

当代　玉黛石　长32厘米　宽18厘米　高5厘米　马新刚供图

随形，色深紫、青绿，有玉之感。砚的造型为数张向上翻卷的荷叶环围。叶脉清晰洗练，极富质感。正上方一只青蛙轻轻爬行，机警地观察着周围一切，堂中两只青蛙以荷叶作掩体静趴水中，似欲擒来犯之敌。身形毕肖，别具情趣。

"犀牛望月"砚

当代　玉黛石　长38厘米　宽20厘米　高4厘米　邱丽卉供图

随形，因材施艺，巧妙运用天然美丽的水线纹精雕细琢砚堂、砚池，如乡间河塘，碧波荡漾，一颗石胆如明月高悬，一牛静卧河塘，仰头望月，神思飘逸。画面布局优美，田园情趣浓郁。

"新生"砚

当代　玉黛石　长45厘米　宽28厘米　高8厘米　邱丽卉供图

作品采用立雕、浮雕、透雕、镂雕等多种雕刻技艺，利用砚石上的天然石眼，把从历尽尘世沧桑的枯树中生长出来的新芽和自然生长过程中的颜色演变得惟妙惟肖。赋予了枯树新的生命，展示了新的容颜。

"饕餮"砚

当代　玉黛石　直径27厘米　高8厘米　王传福供图

圆形仿古砚，砚堂俏其水线，或圆或弧，似涟漪，如潮汐；砚池环绕其周，砚沿饰以回形纹，砚周精雕龙纹，三只饕餮，神秘威武。神兽纹饰饱含祖先智慧和民族底蕴，赐人平安，予人护佑，吉利祥瑞，圆融至善。

进入河北易水砚有限公司工作，从此扎根易县，拜王大庄为师学习砚雕技艺，因其自小有绘画天赋，对砚台的认识较快，加之善于钻研，勤于创作，刀法进步也出人意料。不到半年，就将传统易砚中的龙凤、麒麟、龟的雕刻技法熟练掌握，并有幸跟师傅一起参与了公司"归缘"砚等巨砚的制作。2013年，创作出的"饕餮盛砚"一经面世便以其端庄、圆润、古朴、厚重深得顾客喜欢。愿在今后的日子里他能取得更高成绩。

现为易砚文化研究会成员。

2．崔慧生

河北易县人，1979年生，字子之，号砚缘斋主。自小喜欢美术和书法，酷爱砚雕艺术。初中毕业后，凭着对砚雕艺术的痴迷，一头扎进砚雕艺术领域，其虚心请教，刻苦钻研，自学成才。擅长将人物、动物、瓜果等题材入砚，构思富有新意，一改北方工艺的粗犷，纤秀细腻，清新脱俗。目前已成长为砚乡新生力量的杰出代表。部分砚作如"马上封侯"砚、"马到成功"砚、"牧归"砚、"龙马精神"砚、"八仙过海"砚等深受广大顾客的青睐，并受到业内人士一致好评。作品多次代表易砚参加各种展览及评选，屡获殊荣，在易砚销售市场上占有重要份额。

现为易砚文化研究会成员。

3．代超

河北易县人，1983年出生于砚乡，自小听着砚的故事、看着砚的雕刻、摸着砚石在嬉戏中长大，对易砚有着浓厚的兴趣，和易砚有着不解之缘。初中毕业后，跟着父亲学习砚雕，后进入易水职业技术学校跟着专业老师系统学习雕刻技术，对雕刻理论有了系统的认识。2005年进入河北易水砚有限公司，师从邹洪利，全方位学习雕刻技艺，现已全部掌握了平雕、立雕、阴雕、阳雕、透雕、镂雕等雕刻技法。无论雕刻技艺还是对易砚文化的认识都有了全面的提高，作品广受欢迎。代表作有"苍龙戏珠"砚、"版图龙"砚、"和谐"砚等。

现为易砚文化研究会成员。

四、当代易砚生产知名企业

经过几十年的发展，易县砚雕产业已经形成了相当规模，成为我国当今以生产、加工砚台而闻名的文化大县。目前，易县共有专业生产砚台的大小企业近百家，与砚台生产加工、销售有关的从业人员约3000人，其中，河北省易水砚有限公司是易县乃至全国砚界以生产、加工砚台而成为闻名全国的企业。今择其一二略述之。

（一）河北易水砚有限公司

河北易水砚有限公司前身为河北省易县燕下都易水古砚厂，创建于1992年，2004年，由现任董事长张淑芬和总经理邹洪利夫妇更名为"河北易水砚有限公司"，并独家注册"易水"牌商标。目前，河北易水砚有限公司是中国文房四宝协会副会长单位、中国工艺美术协会理事单位、中华砚文化发展联合会副会长单位。经过几十年的发展，

"牧归"砚

当代　玉黛石　长36厘米　宽29厘米　高8厘米　崔慧生供图

夕阳西下，雾笼苍松，潮汐渐长，层浪漫涌；牛背牧童，稳坐横笛，松风和鸣，浪花起舞，响遏行云，声震乡野。

"苍龙戏珠"砚

当代　紫翠石　长42厘米　宽21厘米　高5厘米　代超供图

形如椭圆，下方开砚堂、砚池，砚池如海广博浩瀚，碧波微澜，砚堂似东升旭日喷薄而出，照彻天宇；上方浮雕祥云、神龙图案，天然石眼，温润如珠，神龙腾飞，凌空飘逸，昂首奋身，搏浪戏珠，充满喜乐祥和之趣。寓意和美吉祥，事业旺达。

河北易水砚有限公司已发展成为国家文化产业示范基地，国家级非物质文化遗产传承单位，中国驰名商标企业。目前，公司下设六个雕刻厂和一个工艺包装厂，现有员工360人。

公司今天取得的卓越成绩，是昨天用辛勤的汗水浇灌得来。

20世纪九十年代初，三十出头的张淑芬在于京津保等地销售电子配件的过程中，有幸认识了北京古砚收藏家阎家宪老先生，在阎老先生的鼓励下，张淑芬凭借对市场的敏锐嗅觉，与丈夫邹洪利果断并购了燕下都易水古砚厂，启用"易水砚"商标，并聘用厂里优秀的雕刻师傅，搭建了销售平台，确立了坚持走文化精品路线的目标，以"出精品、创名牌"为发展战略，对砚厂进行重组和优化，建成了集培训、开发、生产、销售于一体的多功能砚台加工、销售企业。

90年代末，随着改革开放政策的持续推进和深化，我国文化事业的发展再次迎来了春天。而此时的易水砚也在"出精品、创名牌"发展战略指导下精品迭出，通过改进工艺，向着系列化、多品种方向进军，产品由过去单一的龙凤、花草砚发展为后来的"山水风光"砚、"名胜古迹"砚、"英雄人物"砚、"鸟兽虫鱼"砚、"花草树木"砚等数十个系列、上百个品种，突出了易砚雕刻的工艺性、观赏性和收藏性，砚作不仅受到了文化、艺术界人士的喜爱，还受到了邓小平、杨尚昆、胡耀邦等党和国家领导人的青睐和收藏。原国家主席杨尚昆为易水砚题词"东方巨龙"，以资鼓励。1994年，易水砚荣获"'94中国名砚博览会金奖"，受到与会专家、学者的高度赞誉。在获得了荣誉的同时，易水砚赢得了文化消费市场的欢迎，在销售上也取得了令人惊喜的好成绩。1996年起，易水砚每年的销售额开始以100%～200%的速度增长，产品供不应求，几乎垄断了销售市场，也带动了周围制砚行业的发展，全县制砚企业和从业人员迅速增加。

随着荣誉和鲜花的到来，早年曾得遇崔凤桐、张安等老一辈名师指点的邹洪利踌躇满志，寝食难安，在文化复兴的社会大背景中，在"出精品、创名牌"的既定方针指导下，在经过几年市场的锤炼之后，邹洪利大胆尝试改革，将体形硕大的易砚石材与北方石雕技艺中的立雕、透雕等技法有机地结合起来，开发出了古今砚界前所未有的且极具易砚特色的巨砚。并且一举取得成功！

在接下来的日子里，以邹洪利首创的巨型易水砚为河北易水砚有限公司赢得了无数荣誉，可以毫不夸张地说，其所取得的荣誉和嘉奖几乎伴随着河北易水砚有限公司的成长和壮大。

1997年，为庆祝香港回归，人民大会堂收藏重达6吨的易水巨砚珍品"归"砚。

1999 年，公司举办"九九群龙下南洋中国易水砚大展"，在新加坡引起轰动。

2000 年，为见证中华民族新世纪的崛起和腾飞，邹洪利带领研发小组设计雕刻了重达 30 吨的"中华巨龙"砚，曾陈列在中华世纪坛。

2001 年，易水砚被选为第六届世界华商大会指定礼品。

2002 年，在纪念中日邦交正常化 30 周年中日名家书法展上，易水砚被文化部赠送给日本驻中国大使和中外 40 余名书法名家。同年，为庆祝人民大学成立 65 周年，特制的"桃李天下　振兴中华"巨砚被人民大学收藏；为庆祝北师大建校 100 周年而特制的"中华魂"砚被北师大收藏；为庆祝重庆长安集团成立 140 周年而特制的"中华腾飞"砚被长安集团收藏。这一年，易水砚公司名师作品又荣获中国文房四宝博览会一等奖和

河北易水砚有限公司

易水砚有限公司在县城共设有雕刻厂 6 个、包装厂 1 个，展销门市 3 个，图为易水砚有限公司总店，位于保定市易县金台西路 180 号。是一栋临街的二层楼，总占地面积 1800 平方米，展厅内约陈设有 1200 余方砚台。

"锦绣前程"砚

当代　紫翠石　长120厘米　宽80厘米　高15厘米　河北易水砚有限公司供图

锦鸡和鸣两相欢，姚黄魏紫诱人观；苍松凌云始道高，鱼跃龙门金榜悬。

工艺美术"华艺杯"奖。

2003年，"易水砚"荣获河北省著名商标、省名牌产品；被第14届中国文房四宝协会评定为"国之宝——中国十大名砚"并获金奖；同年，为庆祝巴金百年华诞而特制的"家春秋"巨砚被巴金文学院永久收藏。

2004年，易水砚被评为河北省著名商标和名牌产品，同年，"乾坤朝阳"砚被赠送给法国总统希拉克，为中法文化交流做出了贡献。

2005年，易水砚被评为保定"金三宝"，并荣获"中国民族文化优秀品牌"。

2006年，易水砚再次被评为"国之宝——中国十大名砚"并获金奖。同年"二龙戏珠"砚被联合国教科文组织授予"杰出手工艺品徽章"，并荣获金奖。5月，公司被文化部定为"国家文化产业示范基地"。

2006年6月，在第二届河北省旅游商品大赛中，"龙行天下"砚荣获优秀奖。

2007年3月，易水砚"八仙过海"砚作为国礼被赠送给日本明仁天皇；"葫芦宝"砚在第42届国际旅游品和工艺品交易暨国际礼品和家庭用品展上获得"金凤凰"创新产品设计铜奖。

2008年3月，总经理邹洪利随文化部文化产业司赴英国、爱尔兰参加"中英创意文化交流大会"，易水砚"葫芦宝"砚、"金秋"砚被中国驻爱尔兰大使刘碧伟先生、驻英国文化参赞吴逊先生收藏。6月，易水砚制作技艺被国务院评为"国家级非物质文化遗产"。8月，"龙凤琴"砚在"奥林匹克之旅——中华民族艺术珍品"文化节期间被评为首批中华民族艺术珍品。12 月，"葫芦宝"砚和"二龙戏珠"砚分别被中国收藏家协会评为"金奖"和"银奖"。

2009 年 1 月，易水砚公司获得"中华诚信老字号"称誉。2009 年 5 月，公司产品"金秋"砚在 2009 中国（深圳）第五届国际文化产业博览交易会上获得"中国工艺美术文化创意奖"金奖。9 月，"大展宏图"砚被中华民族艺术珍品馆、中华民族艺术珍品文化节组委会收藏。10 月，易水砚被全国促进传统文化发展工程工作委员会授予"中华民族文化优秀品牌"称号。同月，"葫芦宝"砚被广东省肇庆博物馆收藏。11 月，"金三宝"砚参加"2009 中国旅游商品大赛"受到中国国际旅游商品展览会的奖励。同年，公司被中国质量诚信企业协会、中国品牌价值评估中心、河北质量诚信监督委员会评为"河北质量诚信 ＡＡＡ 品牌企业"。易水砚制作技艺被国务院评定为"国家级非物质文化遗产"。

2010 年 5 月，易水砚被选定为上海世博会河北活动周期间参展作品。10 月，"易水砚"荣获中国驰名商标称号。易水砚精品荣获 2010"天工艺苑·百花杯"中国工艺美术精品奖铜奖。

2012 年 5 月，易水砚在第 29 届中国文房四宝博览会上再次荣获"国之宝——中国十大名砚"称号，"双龙聚宝"砚荣获金奖。9 月，参加新加坡华族文化节，"双龙聚宝"砚被新加坡总统陈庆炎收藏。同月，受中国文联邀请，国家非物质文化遗产传承人邹洪利赴美出席"今日中国"的相关活动，并现场展示易水砚雕

"龙行天下"砚

当代 玉黛石 长 58 厘米 宽 36 厘米 高 9 厘米 河北易水砚有限公司供图
颗颗石胆，如满天星星，光晕莹莹；祥云密布，神龙飞天，气势夺人。

市政道路养护区

综合产业区

生态保护区

综合产业

仓储物流区

生态保护区

W3

经一路

邹洪利展示易砚雕刻技艺

2012 年 9 月，邹洪利受中国文联邀请，赴美国纽约林肯中心、康涅狄格州耶鲁大学、波士顿哈佛大学出席"今日中国"的相关活动，并现场展示易水砚雕刻技艺。

中华砚文化博览城效果图

中华砚文化博览城项目规划占地 1000 亩，总投资 26 亿元。主要建设中华砚文化博物馆、展览展销中心、文化产业街（艺术品文化长廊）、培训接待中心、检测研发中心、中国文房四宝创作研发基地、文化艺术品及工艺美术品创作研发基地、艺术家名人村、产业工人村等。

刻技艺，受到各界友人的赞誉。

2013 年 6 月，"云窝"砚荣获第 31 届全国文房四宝艺术博览会金奖。 7 月，"山水"砚和"莲花"茶海在第四届中国剪纸艺术节期间举办的民间工艺美术精品展销会上荣获金奖。9 月，公司荣获"河北省名牌产品"称号，公司当选为"文化产业（中国）协作体"成员单位·12 月，"山水"砚被赠予斯坦福大学东亚语言文学系。

2014 年 1 月，易砚文化研究会荣获中华砚文化发展联合会颁发的"2014 年度全体会员单位"奖牌。同月，在"纪念毛泽东诞辰 120 周年扬州、宁波巡回艺术展"活动中，"书魂"砚被

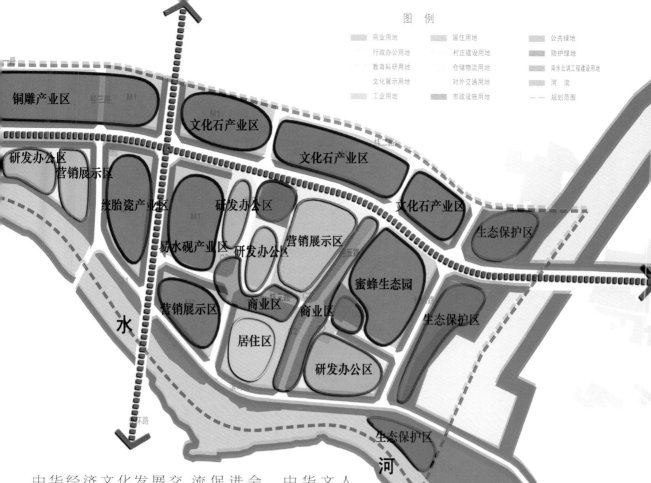

图 例

商业用地	居住用地	公共绿地
行政办公用地	村庄建设用地	防护绿地
教育科研用地	仓储物流用地	南水北调工程建设用地
文化展示用地	对外交通用地	河 流
工业用地	市政设施用地	规划范围

铜雕产业区

经三路   M1

文化石产业区

文化石产业区

研发办公区

营销展示区

绞胎瓷产业区   研发办公区

文化石产业区

易水砚产业区   研发办公区   营销展示区

生态保护区

营销展示区   商业区   商业区

蜜蜂生态园

居住区

生态保护区

研发办公区

水

河

生态保护区

中华经济文化发展交 流促进会、中华文人艺术家协会、中外名家书画院珍藏。3 月，易水砚荣获"保定市十佳旅游商品"称号。"书简"砚被北京市国有文化资产监督管理办公室收藏。4 月，易水砚荣获首届保定乡土艺术成果展"最佳作品奖"，"葫芦宝"砚、"金秋"砚、"诗鼓"砚由河北大学永久收藏。7 月，"锦绣前程"砚由广州恒大集团收藏。9 月，公司被河北省诚信企业评选委员会评为"河北省诚信企业"。10 月，"龙凤呈祥"砚入选第四届中国国际民间艺博会暨第四届中华（天津）民间艺术精品博览会《中国民间艺术精品集》。

今天，易水砚已成为中国砚文化产业的杰出代表和当家品牌。

为将易水砚文化产业做强做大，开创易水砚发展新格局，在易县县委县政府领导和大力支持

易县文化产业园总规划平面图

易县文化产业园区位于易县城西、易水河两岸、112 国道旁边。由河北易水砚有限公司承建，占地面积 5000 亩，预计总投资 150 亿元。形成以易水河滨河地带为核心，以 112 国道为集聚带，以中华砚文化博览城为龙头的文化产业园区。

项目以易水河两岸作为核心区，将易县文化产业园区规划为"一带、两核、三区"的空间布局，以打造"易县文化产业园区暨中国实用艺术之都"为目标。

文化产业园仿古一条街

　　具有鲜明建筑风格的仿古一条街已萌发出勃勃商机。

中华砚文化博物馆

　　中华砚文化博物馆是中华砚文化博览城主体工程之一。由河北易水砚有限公司兴建，建筑面积4000多平方米，是河北省最大的易水砚文化博物馆。即将开馆的中华砚文化博物馆，将对中国的砚文化进行系统的梳理，包括砚的出现、发展、繁荣、所承载的文化内涵等，并通过文物实体、展板、图片、视频、仿制品等方式对中华砚进行全方位的呈现。开馆后，不仅是中国第一家大规模文房四宝专业博物馆，同时也是中国文房四宝行业最大的产业聚集区。

下，河北易水砚有限公司又规划承建了"易县文化产业园"项目。该项目总体预计投资150亿元，占地面积5000亩，形成以易水河滨河地带为核心，以112国道为集聚带，以中华砚文化博览城为龙头的文化产业园区。园区建设中华砚文化博览城，台湾文化产业园，易水康体养生度假中心，易水文化广场，易水生态休闲项目，中国传媒大学文化发展研究院文化创意园，《燕赵风云》大型实景音乐剧，易水影视产业基地，易县书画产业园，电子商务中心，装饰艺术产业园，易水国际会展中心等项目。其中，率先完成总投资26亿元、规划占地1000亩的中华砚文化博览城，集文化产品加工、产品展销展览、全国名砚收藏、旅游休闲、文化交流、会议中心等于一体。

　　项目建成后将成为河北省文化产业发展的一大亮点，成为中国文房四宝行业最大的产业聚集区，可吸引全国各地一大批高素质、高智商的复合型专业人才来易县创业，带动当地整体经济和文化产业的长期发展，推动易县经济和社会事业走向全面繁荣。

（二）彭程易砚展销厅

　　彭程易砚展销厅成立于1989年，现有员工25人，共设三个砚台展销厅，一个砚台雕刻厂，一个包装厂，董事

长为张刚，总经理为张彭程。

"彭程易砚"最初由张刚一人发展壮大而来。张彭程出生于易砚世家，从小接触易砚雕刻艺术，初中毕业后在易水技术学校学习易砚雕刻。一年后进入河北易水砚有限公司雕刻厂继续深造。曾多次代表公司参加各种大型展会并展示易砚雕刻技艺。其中在 2010 年 5 月，在"中国 2010 年上海世界博览会河北活动周文化艺术展示活动"期间，为各国来宾现场展示砚雕技艺，受到河北省副省长孙士彬的亲切接见和世界友人的赞赏。2011 年 6 月，加入中国工艺美术协会成为会员。2011 年，前往由中国工艺美术协会及宁夏政府组织的砚雕高级研修班学习，虚心受教于中国工艺美术大师黎铿、刘克唐和中国杰出雕塑艺术家吴为山等，得名师指点，技艺迅速飞跃。两个月后，其砚作"龙行天下"砚在"中国宁夏贺兰石（砚）设计创意大赛"上，荣获"贺兰杯"入围奖，并被宁夏贺兰砚博物馆永久收藏。2012 年，在中国非物质文化遗产保护大展期间，张彭程随同中国非物质文化遗传传承人、国际民间工艺美术大师邹洪利作为参展嘉宾公开展示了易砚雕刻技艺，受到各级领导的关注与赞赏。2013 年 5 月，被评为保定市民间工艺砚非遗传美术大师，同年，被评为河北省一级民间工艺美术家。9 月，为了保护、传承、弘扬非物质文化遗产项目，张彭程被选定为易砚非遗传承人，全面学习易水砚制作技艺。2014 年 1 月，荣升为彭程易砚总经理，负责全面工作。

目前，董事长张刚以带徒传艺、进行技术指导为主，总经理张彭程年轻有为，又长于雕刻，主抓全局管理，负责公司新品种、新题材的开发、设计和销售等工作，并积极拓展网络销售渠道。

彭程易砚展销厅

彭程易砚展销厅位于易县厂城村北、112 国道路南，是一座占地面积 1200 多平方米的 4 层小楼，展厅面积 300 平方米，展销易砚、茶海、鱼缸、摆件等。

奚祖传砚

"奚祖传砚"是台坛村崔启强的展销厅，位于易县城西 112 国道南侧，展厅面积 100 平方米。崔启强在台坛村还拥有一座二层小楼，占地面积 2000 多平方米，前店后厂，展厅面积 200 多平方米，以销售易砚、茶海、摆件、鱼缸为主；石材以玉黛石、紫翠石为主，兼有端石、歙石、松花石等优良石材。

吉星古砚展销厅

　　吉星古砚是孝村崔春龙展销厅，为一座占地面积500多平米的二层小楼，展厅面积为200平米，以展销易砚、茶海、摆件为主。

"葡萄"砚

　　当代　紫翠石　长32厘米　宽28厘米　高5厘米　河北易水砚有限公司供图

　　透雕刻藤，根粗力壮，叶片肥厚，叶脉清晰，葡萄圆润光亮；设计精巧，构图合度，刀法富于变化，雕工细腻精致。

　　"彭程易砚"现已成为易县产销一体的知名企业，在易砚小微企业中十分引人注目。

　　另外，还有奚祖传砚、凤桐古砚、吉星古砚、海龙古砚等近二十家大小门店构成易砚之半壁江山，它们构成了易水古砚一道亮丽的风景。

五、以县城为中心的生产销售网络

　　在近二十年的发展中，易县已发展成为以县城为中心，辐射北京、保定、石家庄，并远瞻上海、深圳、西安、成都等地的一个庞大的易砚产销一体的销售网络的中心，毫无疑问地成为业内翘楚。在具体的业务上，易砚除保留了传统生产、包装、销售等实体经济产销模式外，也积极发展互联网经济，开通了电子商务平台，成立微店，打开了网络销售的模式和渠道，实现了线上、线下同步销售的经营新思路。近两年来，随着互联网的持续革新和迅猛发展，"互联网＋"成为新业态的形成和发展的全新模式，积极推动或者催生着经济社会的发展，其强大的影响力一方面带动了社会经济实体的生命力，为改革、创新、发展提供了广阔的网络平台，另一方面对此新模式影响下的传统产业带来巨大的冲击力和破坏力，孰死孰存，将成为未来五年内的一个严峻考验。就此，易县易砚界已充分认识到了互联网对实体经济发展所产生的优势和副面影响，并投身其中积极研究对策，制定发展策略和改革方案，以求合理规避风险，提升企业生存和发展能力。目前，"易县文化产业园"即将开放，这里将吸纳的不仅是砚界的雕刻高手，还有来自各个行业的骨干精英和人才，届时，我们有理由相信，易砚将会继续发挥自身优势，趋利避害，迎来未来五年"互联网＋"新模式下的辉煌。

第七章

当代易砚面面观

"三阳开泰"砚

当代　玉黛石　长26厘米　宽16厘米　高3厘米　河北易水砚有限公司供图

三羊来开泰，优雅送祝福。三羊足踏祥云，形态虽各异，神情却专注。砚池中艳阳高照，祥云悠然。画面增生机，雕刻见功夫。

"山水"砚

当代　玉黛石　长19厘米　宽11厘米　高4.5厘米　马顺林制

此砚料为稀世佳料。非烟亦非雾，冥冥映楼台。白鸟忽点破，夕阳还照开。肯随芳草歇，疑逐远帆来。谁会山公意，登高醉始回。

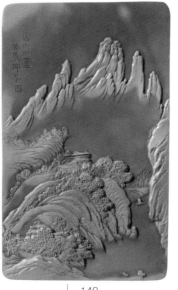

一、总体呈现蒸蒸日上的良好局面

（一）国家相关政策的支持

党的十七届六中全会吹响了大力发展文化产业的进军号角，国家相继出台了《文化产业振兴规划》《中共中央关于深化文化体制改革、推动文化大发展大繁荣的决定》《国家"十二五"时期文化产业改革发展规划纲要》等一系列政策。发展文化产业是社会主义市场经济条件下满足人民群众多样化精神文化需求、促进人的全面发展的重要途径，从而激发全民族文化创造活力，更加自觉、更加主动地推动文化大发展大繁荣。

党的十八大报告高度重视文化建设，提出了"一布局，两目标"："一布局"是指文化建设是政治、经济、文化、社会、生态文明建设"五位一体"总布局中重要一环，"两目标"是指中期目标为文化软实力显著增强，长期目标为建设社会主义文化强国。十八大报告对文化产业发展提出了明确的目标，即到2020年文化产业成为国民经济支柱性产业。只有做大、做强文化产业，才能使文化软实力显著增强。因为文化产业是市场经济条件下繁荣发展社会主义文化的重要载体，是满足人民群众多样化、多层次、多方面精神文化需求的重要途径，也是推动经济结构调整、转变经济发展方式的重要着力点。从十八届三中全会到四中全会，我国文化产业呈现出健康向上、蓬勃发展的良好态势，正在成为推动社会主义文化大发展大繁荣的重要引擎和经济发展新的增长点。

当前，砚文化的传承和发展有着前所未有的大好机遇，尤其是国家对非物质文化遗产更是给予宽松的发展环境，从土地、资金、税收等各方面予以鼎力支持和全方位扶持。我们应大力振兴砚文化产业，为"保增长、扩内需、调结构、促改革、惠民生"做出我们应有的贡献。

（二）地方企业积极投入

易县位于首都经济圈的核心区，是京津产业转移的前沿地区。其地理位置优越，自然资源丰富，历史悠久，文化灿烂，又加之交通便捷，还具有良好的生态环境，非常适合居住和休闲，故而易县就以各种优势资源成了承接京津产业转移和功能疏解的首选之地。易县上下则以敏感的嗅觉和过人的魄力，在抓好经济开发区建设的同时，试将全县打造成为工业聚集和文化汇集的新型平台，并规划和投资兴建了易县文化产业园和易县燕都古城暨旅游文化产业园两个园区，使之成为易县新的文化名片。也正是因为如此，易县可以说是一处基础功能较为完善、全面的投资之地。

易县文化产业园区由河北易水砚有限公司投资承建，位于易县城西的易水河两岸、112国

"菊花"砚

当代　玉黛石　长 23 厘米　宽 17 厘米　高 5 厘米　河北易水砚有限公司供图

右开砚堂、砚池，微起砚沿，山菊相伴，叶片光亮翻卷，菊花展露笑颜，金风摇曳花蕊，轻肌弱骨志坚。

"泗水回归"砚

当代　玉黛石　长 21 厘米　宽 15 厘米　高 4 厘米　马巨才制

砚为传统砚式，造型端正，砚面开阔，环池工整，长方形砚堂浅起缘，砚堂中央隐现不规则带状石纹，宛若汉河，十分美妙。暗合泗水归源之本意。

"珠联璧合"砚

当代 双石种 长13厘米 宽10厘米 高5厘米 马巨才制

砚由砚身和砚盒两部分组成。砚取易水紫翠石琢就，砚首巧雕"苍龙戏珠"纹，巧用了易水石中硕大的石眼。砚盒为本溪青云石琢就，上下合身，状如扇贝，加之天然分层水线环绕，浑若再生。作者巧借二者不同石色，取怀珠、璧合之意。

"明月松间照"砚

当代 玉黛石 长32厘米 宽20厘米 高4厘米 河北易水砚有限公司供图

右开砚堂、砚池，石晕如山，水线似潮，云纹砚沿优美流畅，左侧沟谷纵横，崖壁如削，苍松伟岸，砚额山峰高耸，天梯架桥，明月高悬。动静相衬，意境优美。

道旁边，占地面积5000亩，预计总投资150亿元。园区以中华砚文化博览城为龙头，以易水河两岸作为核心区，将易县文化产业园区规划为"一带、两核、三区"的空间布局，以打造"易县文化产业园区暨中国实用艺术之都"为目标对易县进行了全方位规划布局。

其中"两核"之一的"实用艺术产业园"就是依托中华砚文化博览城，将易砚、绞胎瓷、文化石、铜雕等易县特色文化产业资源和龙头企业合理布局在112国道两侧至易水河的区块，打造成为集展示、制作、休闲、体验于一体的实用艺术产业园，便于前来易县投资、生活、旅游的国内外客商面对现实投资环境有更为直观的认识和判断。

目前，文化产业园区的建设正在如火如荼地进行。相信在项目建设完成后，易县砚文化产业将成为保定市或周边县市文化产业率先发展的一大亮点，将成为我县文化产业的支柱产业，可将以中华砚文化博览城易水砚为主的易县文化产业业态提升一个新的高度，从而闻名全国。我们也相信，以易县为主的文化产业园可吸引全国各地一大批高素质、高智商的复合型专业人才、企业家、书画名家、工艺美术家、专家、学者等文化名人在易县创业并安家落户，从而带动易县整体经济的长足发展，为繁荣易县、振兴易县做贡献。

（三）易砚研究会带头推广

2007年9月，易砚文化研究会成立。自成立以来，易砚文化研究会以弘扬易砚文化为己任，在易砚的历史研究方面取得了一定的成绩。除此之外，研究会还在易砚的新产品研发、生产销售和媒介宣传等方面做了大量的工作。如研究会每年都会根据国内整个砚文化发展趋势，以及市场走向、客户需求等及时召开易砚研究会会员会议，组织会员分析、开发和创新易砚产品，必要时还组织会员参加中国文房四宝协会及相关行业举办的活动等。如在会长邹洪利的带领下，会员前往山东临朐、安徽歙县、广东肇庆、甘肃临洮、四川攀枝花、吉林白山等，向兄弟砚种传承人虚心学习，从设计到手法，从技艺到管理，从生产到销售开展广泛、深入的交流，吸纳兄弟砚种之长补己之短。除了外出取经外，易县易砚人还不断修炼内功。如易砚研究会会长、河北易水砚有限公司总经理邹洪利经常对员工进行各种知识的培训，大到国家政策、易砚发展历史，中到易砚石材的识别、雕刻技法、企业管理，小到销售中站位、微笑等方面，使更多的员工和易砚人熟悉自己身边的易砚，掌握易砚方方面面的知识，以便更好地服务大众、服务社会。许多活动还吸纳了县村各生产厂家和个人，使其积极投入到易砚研究会的各项活动中来，增强易砚团队意识，使大家成为易砚的主人，

"乐鼓"砚

当代　玉黛石　直径20厘米　高5厘米　河北易水砚有限公司供图

形圆似鼓，鼓面开砚堂、砚池，鼓身饰以古雅的文字和均匀排列的鼓钉，传递着浓郁的文化和娱乐气息，画龙点睛。吉利祥瑞，圆融至善。

云纹淌池砚

当代　青玉石　长40厘米　宽32厘米　高4厘米　河北易水砚有限公司供图

形制长方，开长方形砚堂、砚池，砚沿笔直挺拔，四角圆润美观，砚额浅浮雕云纹，如意祥和。

能够积极参与行业内部管理，为易砚的发展献计献策，共谋发展，从而更为广泛地宣传、弘扬易砚文化，促进易砚行业的整体传承。

（四）积极拓宽销售渠道

在 20 世纪的五六十年代，我国人民的物质和文化生活是极度贫乏的。十一届三中全会后，随着改革开放政策的推行，国内经济渐趋复苏，文化逐渐繁荣，人们对我国传统文化的投入达到了前所未有的高度。而毗邻首都文化圈和经济圈的易县在早年传统制砚的基础上，首先推出了易砚，成为河北首个以手工业产品打入北京市场的县市，并以生产加工巨砚在北京取得了巨大成功。在这一时期，以易水砚有限公司为代表的易砚加工生产企业先后精心制作了许多巨砚，引起国内外华人的关注。如 1997 年，为迎接香港回归，公司曾制作重达 6 吨的"归"砚。2000 年，邹洪利带领雕刻小组制成重达 30 吨的"中华巨龙"砚，此砚长 14.6 米，宽 3.8 米，高 1.6 米，砚体雕琢有 56 条龙、9 只神龟，砚池为中华人民共和国版图，在 2006 年被上海吉尼斯总部授予"大世界吉尼斯之最"。除此之外，易水砚公司还生产、加工了"归缘"砚、"群星璀璨"砚、"桃李天下 振兴中华"砚、"中华魂"砚、"家春秋"砚、"中华腾飞"砚、"乾

"和谐"砚

当代　氟石　长 17 厘米　宽 16 厘米　高 3 厘米　马顺林制

万物，皆有灵魂，砚料亦如此。井井有条，乃和谐社会也。与时代气息吻合，实乃天下之盛事。有纵有横，加一和字，妙趣横生，回味无穷。

坤朝阳"砚、"双龙聚宝"砚等一大批巨砚，分别被北京园博园、清华大学、人民大学、北京师范大学等收藏。在此影响和推动下，易县许多村镇的易砚加工呈现出了一片热火朝天的景象，家家户户都制砚，男女老少都加入其中，易砚的加工制作从此也进入了一个前所未有的高峰期。目前，易砚不仅成为全国传统名砚中生产、销售最具规模的砚种之一，而且在销售方面也一直为业内所称道。易砚的传统销售方式为"前店后厂"、坐店经营，如今易砚人紧跟时代步伐，随着高速发展的网络，通过网店、微信微博、"央广购物"、"淘宝拍卖"等线上、线下结合的多种销售方式和手段，大大拓宽销售渠道。随着网站的逐渐健全，易砚不仅增加了销售额度，而且能够满足那些不便前来的远方顾客以应时所需，从而积淀和扩大了易砚文化市场中的份额。

"太平盛世"砚

当代　玉黛石　长38厘米　宽28厘米　高4厘米　河北易水砚有限公司供图

以龙、凤、麒麟、龟四种灵奇神兽入砚，俏其色泽，浮雕、透雕技法精湛，巨龙腾空，彩凤飞舞，龙凤呈祥，麒麟回首，神龟挪移，一派盛世祥和。砚堂如一轮东升旭日，喷薄而出，光耀乾坤。

"吉庆有余"砚

当代　玉黛石　长26厘米　宽19厘米　高5厘米　河北易水砚有限公司供图

此砚取长方笆箩形，砚堂中天然水线及石晕，飞瀑般高垂石壁，冰丝带雨斜悬。一尾金鱼畅游其中。绿色砚沿微起圆润，砚身细雕荆藤，似精编而成，古朴大方。

二、以地域文化入砚的特色砚雕艺术

我们知道，不同地区的历史、人文、物产、思想、语言形成了地域文化。地域文化是指一个地区物质文明和精神文明的总和，是地方文化特色的重要组成部分。

由前文我们得知，易县是一座具有千年文化积淀的古城，历史悠久，文化灿烂。远有北福地

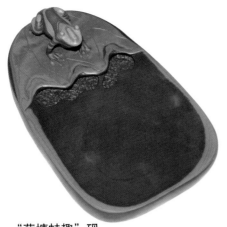

"荷塘蛙趣"砚

当代 玉黛石 长27厘米 宽16厘米 高9厘米 河北易水砚有限公司供图

砚额为一张上翻荷叶，叶脉雕刻洗练，有蛙雄居其上，蛙身石纹黑绿相间，似欲踞身跃塘，其圆瞪双眼，十分机警，情趣无限。荷寓高洁，蛙寓丰余，用以寄情托志、迎吉纳祥。

"荆轲塔"砚

当代 玉黛石 长20厘米 宽17厘米 高3厘米 河北易水砚有限公司供图

形取荆轲塔，形如利剑，直指苍天；松、枫护卫，易水潺潺，荆卿英名，气壮河山。砚堂水线，玉带浑圆；砚池北斗，星勺挂天。背刻砚铭，永世留念。

早期人类遗址、后土黄帝庙、老子道德经幢、燕下都、荆轲塔、黄金台、紫荆关等历史遗迹，近有清西陵等文化盛景，还有狼牙山五壮士英勇抗日等红色经典事迹传颂，更有千年悠悠长流的易水河，境内遍布有各个历史时期的文化遗迹和名胜古迹。易县还有老子、奚氏父子、燕昭王、荆轲等知名的历史名人，除此之外，还有隋末农民起义首领王须拔，唐代易州录事参军、著名书法家苏灵芝，易州刺史张孝忠，金朝大臣张通古，金代学者麻九畴、金代中医"易水学派"创始人张元素，元代著名理学家、诗人刘因，元初著名将领张弘范，明代南京礼部尚书刘斯洁，清雍正兵部尚书田文镜，近代作曲家唐诃，以及抗日英烈张文海和革命烈士谢臣等一大批历史名人，文化积淀非常丰厚。

在历史长河中，地域文化是动态发展的。而今，这些地域文化不仅在新的历史时期不断地沉淀和积累，同时又成为易砚发展和创新取之不尽、用之不竭的艺术源泉。这些具有浓郁地方文化特色的人物和历史遗迹在新时代的审美要求下，逐渐以砚为载体呈现新面貌，向人们传递本区域文化历史内涵、风土民情以及地域人群的审美情趣、价值取向乃至精神风貌。

在易砚的雕刻中，在新时代的文化背景下，易砚人则开始逐渐在砚石中融入当地的历史、人

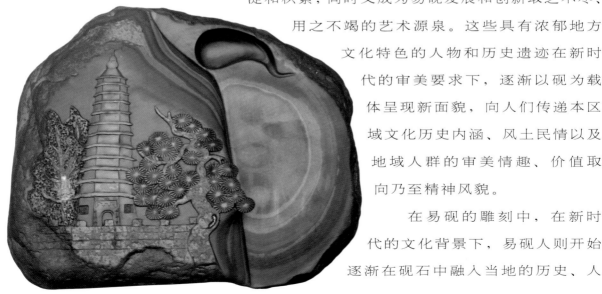

文、物产等素材，形成了易砚独特的砚雕特点。具体表现有以下几类：

（一）自然风光类

此类以易县及易县周边自然风光为题材，将其作为砚形或者砚上的纹饰，具有十分理想的装饰效果。此类题材的砚如"南天门"砚、"易水河"砚、"狼牙山"砚等。

（二）人物题材类

此类以易县历史人物或相关人物故事为题材，多镌刻在砚面或砚背。典型的如"荆轲"砚、"燕昭王"砚、"荆轲刺秦"砚、"老子出关"砚、"五壮士"砚等等。

（三）历史遗迹类

此类题材内容较多，均取自易县周边历史遗迹、名胜古迹、建筑等，典型的如"清西陵"砚、"荆轲塔"砚、"燕子塔"砚、"黄金台"砚、"双塔"砚、"紫荆关"砚，除此之外，还包括一些易县出土文物造型或装饰的砚作。如"饕餮瓦"砚、"陶面"砚、"铺首"砚，等等。

（四）特色农作物类

多以深受百姓喜爱的特色农作物或当地特色瓜果为题材，如以磨盘柿子、烟叶、佛手柑、花生、南瓜、葫芦等入砚，刻制成具有易县农耕特色的砚作。

（五）古今兄弟砚种题材类

此类砚作数量较多，形式不一。有历史人物题材的，如"兰亭雅集"砚、"太白醉酒"砚、

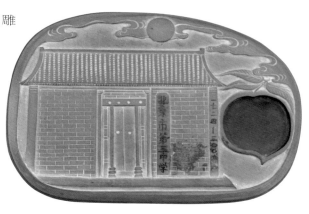

"桃李天下"砚

当代 玉黛石 长16厘米 宽10厘米 高2厘米 河北易水砚有限公司供图

为北京第三中学180年校庆特制。构图取材北京市第三中学门牌楼，右挂牌匾"北京市第三中学"，砚额正中一轮红日象征三中教育事业兴盛辉煌，如日中天，砚堂为桃，寓意三中勤心育英才，桃李满天下。

"黄金台"砚

当代 玉黛石 长25厘米 宽19厘米 高8厘米 河北易水砚有限公司供图

取材易县十景之一的"金台夕照"。砚额以夕阳笼罩下的黄金台为背景，开圆形砚堂、砚池，水线同心，黑绿异彩，砚周精雕水纹，似东流易水，如潺潺秋波。金台怀古，易水思轲。

"石碾"砚

当代 紫翠石 长31厘米 宽31厘
米 高18厘米 河北易水砚有限公司供图

一盘农家石碾，形象生动，纯朴可亲，
似闻碾米磨谷的"辘辘"之声，取"财源滚滚"
之意。石盘上闲置的簸箕、扫刷等物，精美
古拙，散发着山村农家的生活气息。

"高山流水"砚

当代 玉黛石 长39厘米 宽22.5厘
米 高5厘米 马顺林制

知音难觅，砚料难求。忽得一石，石上
重峦叠嶂，树木丛生。亭台兀立，流水云开。
粼粼湖水映古塔，高山流水景中生，招得伯
牙子期至。巧雕小桥、亭台、楼阁、人物。
色泽朴实无华，稳重大气，整体相得益彰。

"怀素写蕉"砚、"米芾拜石"砚，等等，有动、
植物题材的，如 "荷花"砚、"岁寒三友"砚、
"节节高升"砚、"金玉满堂"砚、"金蟾"砚，
等等，还有一些以农家常用器物为题材的，如"笸
箩"砚、"磨盘"砚、"簸箕"砚，等等，不一
而足，体现出了易砚人善于学习的特点。

除了在题材上表现出了更为丰富的内容外，
易砚在砚式和砚体大小等方面也表现出了与以往
砚台的不同，如造型变得小了，选料更为精当、
雕琢更为细致了，等等，我们相信，这都是市场
需求的变化引起的，也是易砚人以敏锐的嗅觉获
得的。总的来讲，易县砚雕艺人在不断拓展易砚
市场的同时，也开始采用了当地特色文化与砚相
结合的办法，使易砚成为带有本土文化特色的商
品，不仅具有创造力，而且更具有市场竞争力。

值得一提的还有易县的砚中新品——绞胎
砚。这是易水砚有限公司集专人力量、专人技术
经过多年研发而成的新时代砚林新作。绞胎陶瓷
亦称"绞泥"、"搅胎瓷"，曾是我国唐代陶瓷
器中的一个十分特殊的品种。现在在新的
历史文化背景下，这个品种又焕
发出了迷人的魅力。易水砚有
限公司不仅成功创制了绞胎
砚、笔洗、笔架、笔筒等
文房四宝系列产品，还研
制出了花瓶、水盂等绞胎
式日常陈设器物，形式十分
多样，纹饰清秀精美，色彩文

静淡雅，一经面市就受到了大家的普遍欢迎。绞胎砚是依据我国传统砚式的造型经淘洗、陈腐、雕刻、煅烧而成，造型经典，可批量生产上市，是一种价廉物美而又兼备实用功能的砚种，其成功研制不仅使易县增加了一个砚种，更使砚台经营思路得到一种拓宽，相信河北易水砚有限公司能使这个砚种研制成熟，成功上市，为广大砚友提供更好的砚作。

三、成绩背后的问题不容忽视

由前文我们得知，易砚是我国最为古老的砚种之一，在经历了各历史时期起伏动荡的发展之后，至今已跻身成为我国当代"十大名砚"之一，成为当今砚林起步较晚、发展最快、经营规模最大的北方砚种。但由于历史、现实和工艺等种种原因，易砚发展过程中也还存在很多问题和失误，值得我们深思和反省。

（一）材料浪费情况严重

长期以来，易砚石材浪费现象严重。经过汇总分析，我们认为有以下三方面的原因：

1. 自认为石材储量大，砚石随便用

我们知道，易砚储量巨大，非似广东的端砚和江西婺源的龙尾砚，砚石资源在千年的开采后已将殆尽，也不像甘肃卓尼的洮河砚深淹于滔滔冰冷的洮河水下不便开采，与之相比较，易砚砚石矿藏集中，且都可供露天开采，还可使用现代机械化设备，开采较为简单。但也正是因为储量大、易于开采、成本较低，许多采石人在采石、

绞胎陶瓷三件套

当代　陶瓷　尺寸不一　河北易水砚有限公司供图

由砚、笔洗、笔筒三件组成，绿色风轮如九天飞花，加之丝丝白云衬底，清新秀雅，颇有动感。

绞胎淌池砚

当代　陶瓷　长14厘米　宽10厘米　高2厘米　河北易水砚有限公司供图

形制长方，下堂上池，豆大珍珠从天降，平静彩湖启乐章。星星点点回塘雨，圈圈环环波荡漾。

"新月"砚

当代　玉黛石　长25厘米　宽20厘米　高2厘米　河北易水砚有限公司供图

右侧开砚堂、砚池，水线如环，砚堂亮丽；左侧俏其色泽，精雕山乡村落，峭壁嶙峋，树木葱郁，房舍静谧，新月如钩，至美如斯。

运输过程中缺乏爱惜砚石的心态，经常野蛮开采、野蛮运输，致使砚石断裂、断层，难免造成不必要的浪费。除开采、运输不当之外，还有个别的制砚人对砚石的使用也是非常随意，具体表现为对作品的结构和纹饰构思欠妥，经常刻了再改，改了再刻，不仅浪费工时，还造成砚材的极大浪费，有的甚至不满意就直接丢掉，令人惋惜。

2．习惯制作大砚，不屑小砚的制作

除了储量大之外，易砚砚石石材还以巨大著称，也正是如此，易水制砚人素以雕制大砚、巨砚而驰名砚林，并因此获得过无数荣耀。或是基于砚石的这个优势，也或许是基于众多荣誉的影响，易砚人多喜欢做中型或大型砚，甚至以雕琢内容多、布局繁杂的巨砚为能事，使得能否雕制大砚、巨砚在某种程度上已成为易砚人衡量艺术水准高低的一个重要标准。在这种情况下，许多制砚大师自恃技高一筹，时常面对的也都是"高大上"大砚的制作雕刻，自然不会将小砚放在心上，更不会将小砚料或者大砚余料的利用放在眼里。还有人认为，小砚是学徒、学生练习雕刻之用的初级用材，是他们锻炼的基础材料，给学徒用也算是物尽其用，故而这些人也常常不屑于制作小砚。再者，有人也认为与大砚和巨砚相比，小型砚的利润较低，市场已被端、歙、洮、松花砚等名砚占据，而易砚既然砚材巨大就应充分利用，发挥自己的长处，避免与这些名砚直接竞争，所以，在易砚制作领域，很多人不会注意到小型砚砚料的多寡及其质地、造型等，也很少有人在切割砚料时充分意识到小型砚砚料的利用，有的就将制作大砚时切割下来的可以制作小型砚的余料视为废料直接丢弃掉，甚至是作铺路、填坑、填实房基，等等之用，致使石材不能得到充分利用，造成大量不必要的浪费。

3. 对作品的造型、纹饰、工艺缺乏认真思考

长期以来，易砚的砚雕技艺多是以师徒口口相传的形式继承下来的，是在一种封闭或者半封闭的状态下传承的，鲜有集中开课讲授解惑的。再者，为了避免同村、同族间为了利益而相互竞争，易砚的制作常常以家族或师徒关系为纽带，将特定题材或特定表现形式作为传承内容，在设计和制作的过程中，人们沟通和探讨的对象常常是身边固定的几个人或者运用的是相对固定的集中思路，也不会与其他师傅或其他家族的砚雕艺人探讨，这样便形成了各具所长、各显其能的特点。如有的擅长雕"龙"砚，有的擅长雕"龟"砚，有的擅长雕"山水"砚，有的擅长雕"花草"砚，等等，一些制砚师在看到成品后选择自己琢磨，一般不会在动手雕刻前与其他人做深入探讨，从而也决定了在选料方式、尺寸大小上不能做到材料的充分利用。比如做"青蛙"题材的，制砚师需要选用黑绿分层鲜明的玉黛石，以便表现青蛙褐绿斑驳的体表特征，纯黑或纯绿的那部分则浪费掉了。再有买进大料的师傅如果只能做小型的，

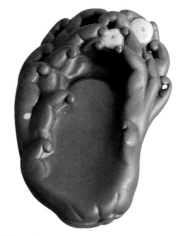

"佛手"砚

当代　紫翠石　长12厘米　宽8厘米　高3厘米　马巨才供图

传统仿生砚式，佛手指捻石眼，寓意吉祥。

"新生"砚

当代　玉黛石　长24厘米　宽15厘米　高7厘米　河北易水砚有限公司供图

砚取竹根形，中间开砚堂、砚池；根部左侧幼竹蓬勃，清秀挺拔，竹叶亲吻着竹根，以报"父恩"，右侧一对芽孢苗壮成长，嫩而生香；砚额处一只蚱蝉悄声静观，竹根几经酷暑严寒，迎斗风霜雨雪，而今枯枝发芽，生机无限。览绿色春光，思生命顽强，谓之"新生"。

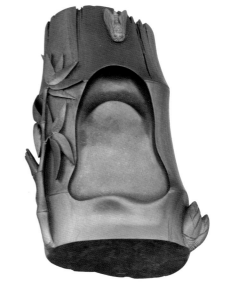

"梅花"砚

当代　双石种　长 19 厘米　宽 13 厘米　高 4 厘米　河北易水砚有限公司供图

由砚台和砚盒组成。砚为氟石，长方形，砚面开"门"字砚堂，砚岗上方雕一龙翘首回望。砚盒为玉黛石质，盖面雕梅竹图，梅树枝干道劲，梅花冰肌玉骨、凌寒留香；竹子婆娑有致、清秀俊逸。

"书简"砚

当代　紫翠石　长 36 厘米　宽 23 厘米　高 14 厘米　河北易水砚有限公司供图

此砚形似两端一上一下卷起的竹简，砚池左边似泥土堆积，又似竹简日久年深被腐蚀留下的痕迹，令人似乎闻到了远古泥土的芬芳。斑驳的泥痕，古雅的文字，鲜红的印章，无不散发着浓郁的书卷气息。

也只好采用切割法破大为小，这从某种意义上来说也是一种材料的浪费。

（二）砚石之用的严重错位

我国自古就有"靠山吃山、靠水吃水"的习俗。这一点在易县表现得尤为突出。在改革开放之前，我国民众的物质生活贫乏表现得就极为普遍。尤其在农村，在娶亲盖房一事上就表现得很明显。加之易砚砚石多呈品板层状，非常适合垒院砌墙，故而易县当地农村常常就地取材，采掘大量砚石盖房以娶亲，完成这一人生大事，这样就致使大量砚石成为人们盖房取之不尽的建筑材料，更有甚者，就连马厩墙、猪圈都用大量的砚石砌成，使得琢砚良材用途严重错位，艺术价值归零。当然，造成这种现象的原因是多方面的。一方面是随着社会文明的进步，书写工具的革新变化几乎彻底颠覆了以前人们笔墨纸砚式的读书写字的文房生活；另一方面，在过去数百年物质贫乏的年代里，建筑材料和消费能力都极为有限，况且，当地也有"靠山吃山，靠水吃水"的风俗习惯，采石盖房也是司空见惯的常事。再者，经过战争和"文化大革命"之后的中国农村，不仅文化环境和各种文化资源遭受严重破坏，在改革开放前，人们几乎已无法过多地关注文化、关注砚台，也不懂得一方砚的价值，更不懂砚文化的传承，造成了大量优质砚材的浪费，令人痛心不已。

四、传承传统与粗制滥造并存

近三十年，随着改革开放政策的推行和深入，我国人民群众的物质生活和精神生活的质量已今非昔比，再加之国家持续推行文化复兴的政策，举国上下文化、艺术一片繁荣，文化、艺术迎来了前所未有的春天，也再次成为人们密切关注的方向，琳琅满目、品种繁多的文化、艺术品成为人们日常生活中不可缺少的重要组成部分。在这样的文化大环境中，人们的文化、艺术素养逐渐提高，进而也开始关注到了昔日书案上的砚台。近年来，收藏市场持续升温，砚台的收藏已成为其中一个火热的门类。砚文化得到了广泛的普及和传播，直接或间接地提高了人们对砚台的鉴赏水准，也提高了相当一部分制砚艺人的艺术鉴赏水准。这一时期出现了许多深受大家喜爱的制砚艺术家。

易砚也是如此。改革开放后，在国家经济全面复苏、文化繁荣的大背景下，获得了前所未有的发展机遇，尤其在易水砚有限公司上规模、销售旺的影响下，易砚的生产、加工和销售一片火

"石鼓"砚

当代　玉黛石　直径25厘米　高5厘米　河北易水砚有限公司供图

砚取石鼓形，由砚身和砚盖两部分组成。池为环形。盖面镌雕石鼓残文，似说沧桑历史。其结构设计新颖，纹饰取意高远，体现了中华传统文化之底蕴。

"平安有余"砚

当代　玉黛石　长20厘米　宽13厘米　高6厘米　河北易水砚有限公司供图

砚长方，砚面以浅浮雕手法雕以吉祥云纹，砚堂有如意宝瓶纹。其中瓶颈雕几尾小鱼，于古色古香之中又平添几分情趣。寓意生活平安有余，象征仕途高升如意。

"锦绣前程"砚

当代 玉黛石 长18厘米 宽11厘米 高4厘米 马顺林制

砚由砚体和砚盖两部分组成。砚作"门"字形涧池式,砚盖以不同石色浮雕"锦鸡图",锦鸡造型准确,俏色过渡自然,画面轻松惬意,雕琢精湛。

"石渠"砚

当代 玉黛石 长16.1厘米 宽12厘米 高2.5厘米 右文堂制

砚取传统式样"环渠"式,砚形敦厚方正,环渠挺拔工整,打磨细致而一丝不苟,极具传统砚式韵味。

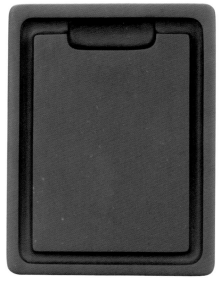

热,连续几年成为砚界神话。

然而,就在这样产销两旺的利好形式下,很多易砚雕刻艺人在名利面前,放弃了砚雕艺术的审美高度和准则,开始以次充好、粗制滥造、急功近利,甚至对几千年砚文化沉淀下来的古代经典砚式表现出了不屑一顾的态度,丢弃了砚台以实用为第一要务的基本原则,破坏了砚台结构的基本规律,舍弃了研磨之用的砚堂,将砚台过分地进行装饰和打扮,甚至完全丢掉砚堂,将其雕琢为名副其实的石雕,令人哭笑不得。不论与砚台纵向发展史相比,还是与当下整个砚界的审美相比,易砚都表现出了传承传统砚雕艺术和粗制滥造并存的现象。

好在易砚有个领头人邹洪利,他与妻子张淑芬于2005年自筹资金办起易水职业技术学校,开设砚雕专业,面向易县所有村镇开始招收砚台雕刻学员,并聘请大学教授、行业专家或当地雕刻大师为老师讲课、传艺,放眼未来,为易县系统地培养了一批批砚雕技术人才,以期从根本上扭转粗制滥造这一现象,得到了全国砚界及当地制砚艺人的肯定和支持。

在当代易砚市场，值得一提的还有位于河北廊坊的"右文堂"砚艺工坊。其创办人刘轩，业内人称"石民"，高级传统工艺师，1995年毕业于河北工业大学机械制造工艺专业。2004年创办"右文堂"砚艺工坊，从事砚雕和砚文化事业。多年来，在对砚的工艺、文化、历史进行深入研究的基础上，针对当今砚雕总体现状，提出了"砚之为砚"的治砚理念，从器物、工艺、文化三个方面对砚雕工艺进行诠释，得到业界普遍认同。因出生于河北，早年曾就近取材，以易砚砚材为主要制砚材料，恢复和加工制作了许多易砚。后又出资购得十数吨洮河砚材，并间取端、歙、红丝、松花砚等名砚砚材悉心制砚。作品均传承古制，造型古朴端庄，刀法劲利，纹饰雕刻精细而又不拘一格，常于质朴、平实中彰显大雅，深得国内砚友的普遍欢迎。

就目前国内已恢复的众多砚种来讲，"右文堂"不仅在多年的尝试中驾驭了端、歙等名坑砚材的创作和生产，还成功恢复创烧了"青州石末砚"，成为砚界一段佳话。当前，"右文堂"石民虽非以易砚为主要创作砚种，但其也从未间断过对易砚的创作，不时推出精心创作的易砚砚作，令人耳目一新。

其作品先后受邀参加中华砚文化发展联合会、荣宝斋、中国砚研究会、北京艺术博物馆等单位举办的多个专题展览，

"圭璧"砚

当代　玉黛石　长17.6厘米　宽12.2厘米　高2厘米　右文堂制

圭、璧乃我国古代玉质礼器，具有极高的等级低位。此砚结合二者特点，以玉璧为形琢为砚堂，巧琢文房至尊，用意极深。尤精于打磨，光洁圆润，斯可珍玩。

抄手砚

当代　紫翠石　长30厘米　宽17.7厘米　高7厘米　右文堂制

形取传统抄手式，用料大方。其四墙内收至底，砚堂宽博，墨池深阔，线条挺拔，造型端庄舒展，朗朗大方。

云池长方砚

当代　玉黛石　长18厘米　宽12厘米　高2.5厘米　右文堂制

砚长方形平板状，砚首开团云状墨池，以轻松舒展的刀法，表现了有形无态、流动轻柔的团云，十分美妙。

"一"字池抄手砚

当代　氟石　长19.1厘米　宽12厘米　高4.8厘米　右文堂制

砚取明清传统砚式，造型方正、敦厚、端庄、浑穆。其砚堂平展，砚池深邃，砚墙壁立，颇具庙堂之威严感。

作品多次获中国工艺美术学会金奖、银奖和中华砚文化发展联会特别贡献奖、金奖；部分作品收录于中国砚文化系列丛书之《砚雕》卷，以及《砚海精波》《赋英染华》等专业书籍，多方砚作被数位党和国家领导人及专业机构收藏，有的被作为国礼赠送给国际友人。

可喜的是，今天的易砚人深刻认识到石材的珍稀可贵性，不仅懂得保护矿产资源，而且懂得充分利用石材和石品；不仅依据构思选用石材，而且依据石材进行设计；不仅制作大、中型易砚，而且注重小型砚开发；不仅利用可制砚石材，而且通过艺术设计利用一切不可制砚石材。今天，易砚人已经深深懂得：应本着对历史负责、对砚文化负责、对砚乡百姓负责的精神，处理好开发与利用、传承与发展、建设与保护的关系，切实做到在传承中保护，在保护中发展，守护好易砚这份宝贵的非物质文化遗产。同时，他们也懂得，没有文明的传承和发展，就没有文明的弘扬和繁荣，再创易砚辉煌只有在效益下行压力中砥砺前行，加快易砚改革步伐只有在逢山开路中笃行致远，唯有如此，才能书写现代文明与非物质文化遗产相融共生的崭新篇章！

后记

受"中国名砚"编委会委托，怀着对家乡灿烂文明的热爱和对易砚文化传承的忠诚，我们以高度的责任心和严谨的态度，编写了这本《易砚》。

这本书渗透了易砚人多年来的心血、汗水，蕴涵着易砚人对易砚文化的深厚情结。出书过程可谓"十年磨一剑，霜刃未曾试；今日把示君"，辛苦唯自知。但夙愿实现，甚感欣慰：一来对易砚文化的发展历史是一个总结回顾，进而增强了易砚文化历史的厚重感和我们的自信心；二来对易砚文化是一个宣扬传播，同时也是为更多砚友搭建一个了解和熟悉易砚的新平台；三来对易砚和传统文化是一个展望期盼，让华夏文明不仅为国人所珍视、热爱，而且逐渐为国际人士所青睐；四来对易县丰厚的文化是一次很好的展示和推介，人们在这道璀璨的文化长廊中可感受易县的山魂水韵之魅力，感受易县人的尊贤重义、奋发有为之精神。

近年来，国学文化如火如荼，遍地开花。作为传统文化代表之一的易砚，自然是不甘寂寞和落后的。"苔花如米小，也学牡丹开。"我们致力于易砚文化的发展繁荣，更期待着中国传统文化的复兴、蓬勃。

在编写此书的过程中，我们始终为光荣的使命所激励，从浩瀚的典籍中寻找资料，《易县志》《易水春秋》《保定读本》《望长城内外——胜境河北》给予我们很大帮助；几次登顶西峪山和黄龙岗砚坑口群取景拍照；多次走进砚乡大师家请教咨询。他们的热情相助，让我们收获了很多。我们深知，他们给予我们支持和帮助首先是缘于对砚文化和对家乡文化的尊重和热爱，其次是对我们工作的鼓励和期待。我们最愿看到的是本书能够对易砚文化的传承与弘扬起到推动作用，这是我们的荣幸。

此书在编写过程中，更得到了易县县委、政府领导的大力关怀和支持，得到了"中国名砚"编委会领导、专家和阎家宪老师的热心指导，也得到了来自方方面面的认识和不认识的朋友的无私协助。在此一并深表谢意！

由于我们水平有限，书中偏颇、纰漏之处在所难免，再次敬请各位专家、同仁和朋友批评指正。

编　者

2015 年 4 月 30 日